人一生一定要去的
美丽中国海岛

REN YISHENG YIDING YAOQU DE
MEILI ZHONGGUO HAIDAO

武鹏程
编著

TUSHUO HAIYANG
图说海洋
世界之大，无奇不有
世界之奇，尽在海洋

海洋出版社
北京

图书在版编目(CIP)数据

人一生一定要去的美丽中国海岛 / 武鹏程编著.
北京：海洋出版社，2025.1. — ISBN 978–7–5210–1381–8

Ⅰ.P931.2–49

中国国家版本馆CIP数据核字第2024QR2276号

图说海洋

人一生一定要去的
美丽中国海岛

REN YISHENG YIDING YAOQU DE
MEILI ZHONGGUO HAIDAO

总 策 划：刘　斌	总 编 室：(010) 62100034
责任编辑：刘　斌	网　　址：www.oceanpress.com.cn
责任印制：安　淼	承　　印：侨友印刷（河北）有限公司
排　　版：申　彪	版　　次：2025年1月第1版
出版发行：海洋出版社	2025年1月第1次印刷
地　　址：北京市海淀区大慧寺路8号	开　　本：787mm×1092mm　1/16
100081	印　　张：10
经　　销：新华书店	字　　数：180千字
发 行 部：(010) 62100090	定　　价：59.00元

本书如有印、装质量问题可与发行部调换

前 言

你听过歌曲《小城故事》吗？有人说这首歌中的小城是泰国清迈，也有人说它是我国台湾地区的绿岛，还有人说它是某座小岛上的一座不知名的小城，不管如何，每个人心中都有一座小城，或许它就在某座小岛的某个角落。

我国的海岛众多，仅面积在 500 平方米以上的海岛就有 7300 余座，其中不仅有未被开发、还保持着原始自然生态的海岛，有喧哗、现代化的都市型海岛，还有美不胜收、历史人文底蕴深厚的海岛。本书沿着我国海岸线，由北向南介绍其中最具特色、景色绝美的海岛。

北部有怪石嶙峋、岸崖陡峭的棒棰岛，"蝮蛇王国"蛇岛，还有被称为"北方佛岛"的觉华岛等。

东部有纯天然的养马岛、显得有些孤寂的牙石岛，以及人文景观丰富独特的刘公岛等。

南部有被称为"海上花园"的鼓浪屿、"海上明珠"崳山岛和"度假天堂"蜈支洲岛等。

这些岛屿的风景各有千秋，不仅有经海水侵蚀而成的洞穴悬崖，还有因火山喷发而形成的天然景观，与湛蓝的海水、忙碌的渔舟相映成景，展现十足的海洋情调。无论是自然风景，还是人文风情，每一座海岛都美得无可替代。对现在的都市人来说，无论是想暂时放下缠身的俗事，还是潜心思考，或是纯粹走走看看，每座海岛都是一个不错的旅游目的地。

目 录

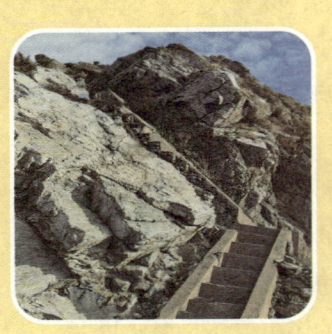

大连门户　广鹿岛 / 2

大连最美的疗养胜地　棒棰岛 / 6

蝮蛇王国　蛇岛 / 8

海上仙山　长岛 / 10

北方佛岛　觉华岛 / 12

中国万里海疆东端起点第一岛　獐岛 / 14

最纯天然的岛屿　养马岛 / 17

不沉的战舰　刘公岛 / 20

显得有些孤寂的海岛　牙石岛 / 24

天然优质海滨浴场　连岛 / 25

人间第一清净地　普陀岛 / 28

普陀岛的后花园　鲁家峙岛 / 33

世界最美海岸线　岱山岛 / 34

海上雁荡　朱家尖 / 39

图说海洋　人一生一定要去的美丽中国海岛

美丽的私人岛　**情人岛** / 42

宁波海上后花园　**六横岛** / 43

宁波港海上门户　**金塘岛** / 46

海上的丽江　**东极岛** / 48

碧海奇礁、金沙渔火　**泗礁山** / 53

兰秀文化之乡　**秀山岛** / 57

东方的圣托里尼　**花鸟岛** / 61

一个堪比西湖的地方　**绿华岛** / 64

我国最东边有人居住的岛屿　**枸杞岛、嵊山岛** / 65

金庸武侠影视基地　**桃花岛** / 70

"蓝眼泪"奇观　**渔山岛** / 73

海鸟乐园　**七星岛** / 78

海上第一石林　**花岙岛** / 80

浙江鼓浪屿　**大鹿岛** / 83

五彩斑斓的岩石	**老君岛** / 85
东海仙境	**海坛岛** / 87
海蚀地貌博物馆	**塘屿岛** / 91
一个备受电影导演青睐的地方	**东山岛** / 93
渔民的安居乐土	**古雷半岛** / 99
风景如画，人间奇迹	**莱屿列岛** / 101
海上花园	**鼓浪屿** / 104
海上公园	**台山列岛** / 107
永乐群岛中最美的海岛	**银屿岛** / 109
世界级火山奇观	**南碇岛** / 111
海上明珠、南国天山	**崳山岛** / 113
别样清新的风情岛	**南丫岛** / 117

最美丽捕鱼石墙　**七美岛** / 119

独具特色的海蚀火山岛　**涠洲岛** / 122

迷人的多色调海水　**斜阳岛** / 127

中国第一大火山岛　**硇洲岛** / 130

曾经的海盗天堂　**龟龄岛** / 133

雾海仙槎，仿若仙境　**外伶仃岛** / 136

梦幻之岛　**庙湾岛** / 139

人猴和谐相处　**南湾猴岛** / 141

最浪漫的度假天堂　**蜈支洲岛** / 144

博鳌亚洲论坛永久性会址　**东屿岛** / 147

泾渭分明的气候　**分界洲岛** / 149

潜水爱好者的天堂　**大洲岛** / 152

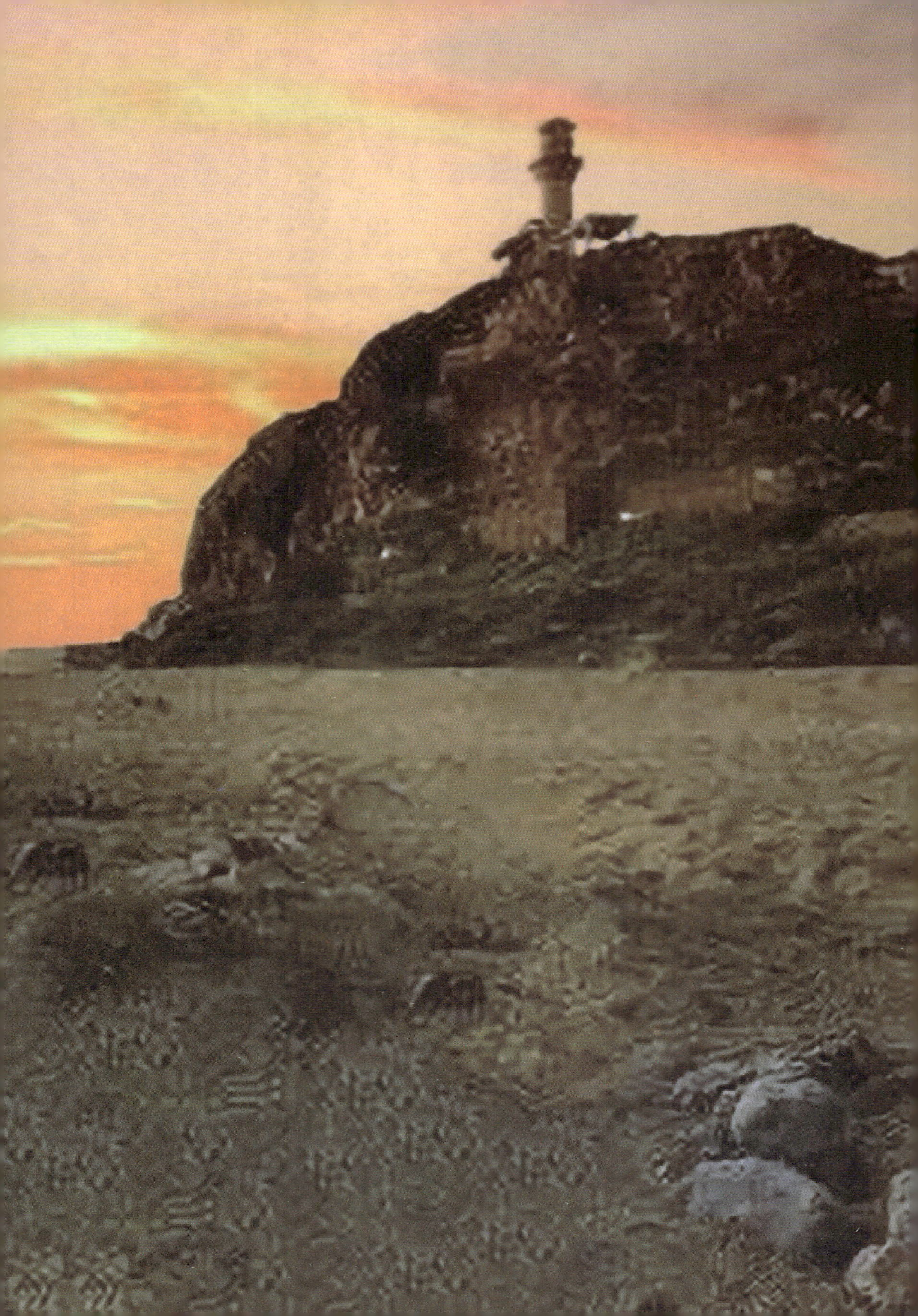

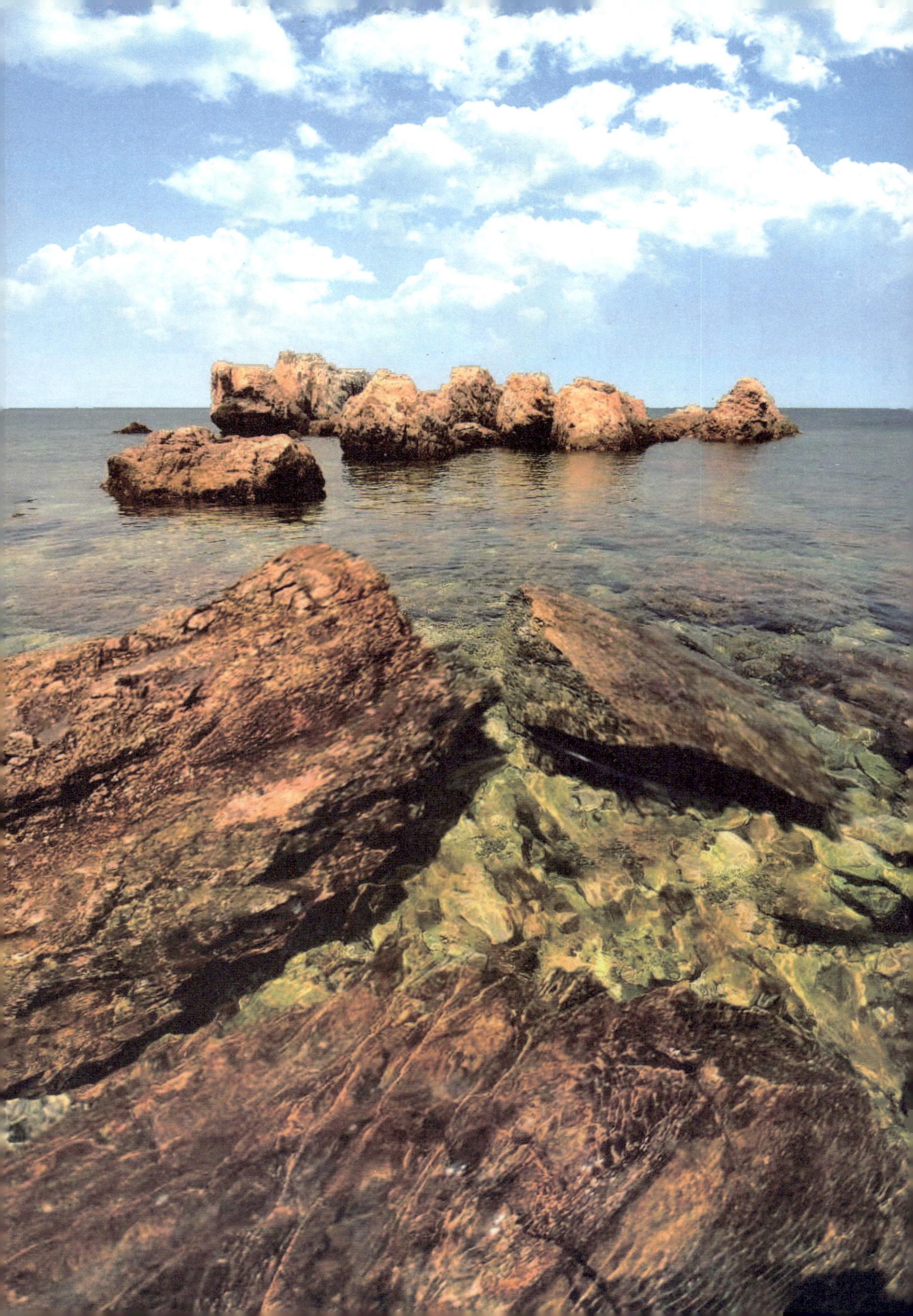

大连门户

广鹿岛

> 广鹿岛仿佛是天地不慎遗失的一颗明珠，璀璨夺目，凭借独一无二的风景吸引各地游客到此寻找回归自然的感觉。

[广鹿岛指路牌]

[广鹿岛]

广鹿岛位于黄海北部，长山列岛的西部，隶属于辽宁省大连市长海县广鹿岛镇。整座岛屿未被开发，大半被绿色覆盖，到处充斥着自然美，岛上没有红绿灯，生活节奏很慢。

如果说长山列岛是洒落在大海之上的一串珍珠，那么广鹿岛无疑是其中最夺目的那一颗。广鹿岛上不仅有巍峨耸立的老铁山、绿波荡漾的仙女湖、海水相拥的月亮湾、北方渔民最为尊崇的马祖庙，还有似绿毯覆盖的无垠高尔夫球场、别样的海蚀景观、广鹿岛民俗馆等风景名胜，而且这里气候宜人，是一个旅游度假胜地。

素有"大连门户"之称

广鹿岛的陆地面积为31.5平方千米，由23座大小岛、砣、礁组成，海域面积为1000平方

[浓雾下的广鹿岛夕阳]

千米,是长山列岛中面积最大的一座岛屿。

广鹿岛的地理环境得天独厚,它西与大连金石滩国家旅游度假区相邻,北与皮口、登沙河等辽南重镇隔海相望,是长山列岛中与大连市距离最近的岛屿,素有"大连门户"之称。

仙女湖

登岛后,码头不远处就是岛上的海边公路,沿着公路盘山而行,至广鹿岛西南端便是岛上第二高峰老铁山的山脚下,老铁山海拔245.9米,山势高陡险峻,深褐色岩石犬牙交错,由山脚仰望,悬崖峭壁仿佛摇摇欲坠,令人头昏目眩。

老铁山的入海口就是仙女湖,20世纪70年代,当地村民筑坝封水,拦截了山间流入黄海的泉水,仙女湖由此诞生。仙女湖大多时候无风无浪,

> 广鹿岛是黄海北部的重要渔业基地,盛产鱼类、海参、牡蛎等。

[广鹿岛海边公路]

[广鹿岛老铁山登山栈道]

[仙女湖]
自成天地的仙女湖使人怡然自乐,给人一种摆脱尘嚣的惬意感。游客可以或轻舟泛波湖上,或悠然漫步湖畔,或静心垂钓于堤坝。

宛如一面蒙着水汽的铜镜,倒映在湖中的老铁山好似少女的发髻。偶尔微风乍起,湖面荡漾起层层涟漪,如同仙人飘飞的衣袂。这里的湖、海、山相融,景色秀丽,惹人怜爱。

将军石

在老铁山山脚下有一块立在海中的巨石——将军石,这是广鹿岛非常有名的一个景点,远远看去,好像一个巨人站在海面。

传说 500 年前,广鹿岛的山上野鹿成群,海中鱼虾丰富,特别是老铁山中更是有无数的宝藏,还有一对金童在山间玩耍,据说是由山中宝物吸收天地灵气而成仙的。

老铁山中有宝藏和金童的消息被海盗们知道后,海盗们聚众而来,准备抢走它们。为了保护它们,岛上一位虎背熊腰的威武大汉带领村民与来犯的海盗搏杀,虽然赶走了海盗,但是这位威武大汉也倒下了,变成了巨石。

大汉的女儿看到父亲倒下后,朝父亲扑过去,也变成了一块巨石,就这样,父女俩一直屹立在广鹿岛的岸边,日夜守卫着这座海岛。后来人们为了纪念他,称那块巨石为"将军石"。

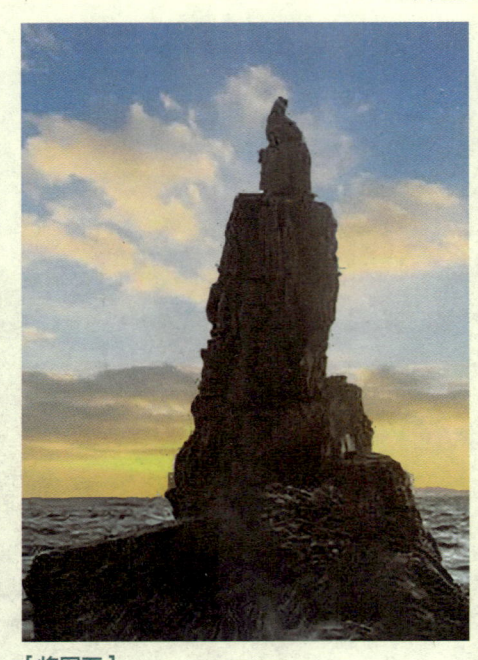

[将军石]

马祖庙

在广鹿岛有很多关于马祖的传说，马祖原名马痴子，相传为广鹿岛人，其父亲被渔霸逼迫逝世，他同兄嫂逃往山东蓬莱，经"八仙"之一的汉钟离指点成仙后，返回广鹿岛，常常救助海上遇难的渔民，保佑黄渤海中过往船只平安，因此岛上渔民将"马痴子"尊称为"马祖、马老祖"。为了纪念马祖，明朝万历年间，当地人在老铁山的西南修建了一座马祖庙。该寺庙依山傍水，环境清幽，庙内建筑古朴典雅，在辽东半岛远近闻名。每年农历六月十六日，辽东半岛的渔民们便会以庙会的形式祭奠他，祈求鱼肥粮丰、平安健康。

[马祖庙]

马祖是北方渔民最尊敬的"守护神"，旧马祖庙在1949年7月被拆，20世纪70年代初期遗址被毁。1993年当地政府重建了马祖庙，也就是现在我们看到的这座马祖庙。

离马祖庙不远处有一个神仙洞，传说这个神仙洞就是"马祖"修炼成仙的地方。"神仙洞"外大内小，洞口约两三丈方圆，深30多米，再往里走，洞口突然缩小成仅有半米左右的圆洞。据史书记载，"神仙洞"深达几十千米，从海底连通大陆。

金沙滩的月亮湾

在广鹿岛长达74千米的海岸线上，最有名的景点要数月亮湾，其因海岸线呈月牙形而得名，这里水清、沙细、滩平，是长海县最大的天然海水浴场。

月亮湾的沙滩是真正的金沙滩，既有南国的妖娆妩媚，又有北国的遒劲阳刚，在阳光之下，沙滩仿佛被镀上了一层耀眼的金色，既柔美祥和，又不失华丽尊贵。

[广鹿岛民俗馆]

人一生一定要去的美丽中国海岛

大连最美的疗养胜地
棒棰岛

棒棰岛的风景以山、海、岛、滩为主，久负盛名，可谓"大连最美的疗养胜地"。

[棒棰岛海滩]

棒棰岛位于大连市滨海路东段，北面群山环绕，苍松翠柏；南面是开阔的海域和平坦的沙滩，在距海岸600米处有一岛形似妇人捣衣的棒棰，故被称作棒棰岛。岛上岸崖陡峭，怪石嶙峋，布满山花野草。

一座形似棒棰的小岛

从大连市中心到棒棰岛景区仅9千米，坐车约20分钟即可到达，但是却没有直达公交车，最近的公交站点离景区5千米，而且班次很少，所以最佳选择是自驾或者打车前往。

棒棰岛和其他的景区不同，可以付费直接把车开到景区内，景区道路两旁的绿化做得非常好，大树参天、

> 棒棰岛非常适合一家大小或相约几个朋友游玩，可以来这边搭个帐篷，晒太阳，聚餐……

[棒棰岛]

棒棰岛其实是一座很小的岛，而且不允许游客上去，可在岸边远观或乘坐游船近距离观看。

绿树成荫。海边人不多，海水非常清澈，从严格意义上来说，棒棰岛是没有沙滩的，都是石头，只有一处很小的石头海滩，在海滩与海水相接的地方有座凸出的小岛，那就是棒棰岛。在海滩边上还有一些礁石，可以拍照。但是不建议攀爬，因为礁石上长满了青苔、水草，很滑，一旦落水很危险。

棒棰岛的海水要比周边其他海域的清澈很多，几乎闻不到咸涩的味道，浅浪拍来，泛起阵阵晶莹的浪花，煞是好看。

棒棰岛国宾馆

棒棰岛最有名的不是海滩，而是棒棰岛国宾馆，该宾馆占地面积87公顷。这里先后接待过许多国家领导人，如今依旧吸引了很多国家领导人、高官、商界名流来度假。

也正是这些原因，在棒棰岛游玩时，常会遇到交通管制，或者部分地方游客不能到访。但是即便如此，这里的游客还是络绎不绝。

["棒棰岛"三个大字]

人一生一定要去的美丽中国海岛

蝮蛇王国
蛇岛

这里是剧毒黑眉蝮蛇的天下，处处危机重重，使人心惊胆战，然而却是个美到能让人忘记危险的地方，仿佛整个世界只剩下蓝蓝的天和海。

蛇岛又名"小龙山岛"、神龙仙岛，位于辽宁省大连市旅顺口区西北面的渤海湾之中，距旅顺港25海里，总面积约1.2平方千米。该岛地势西南高、东北低，主峰海拔216米，植物繁盛，达200余种；岛上有7条山脊、

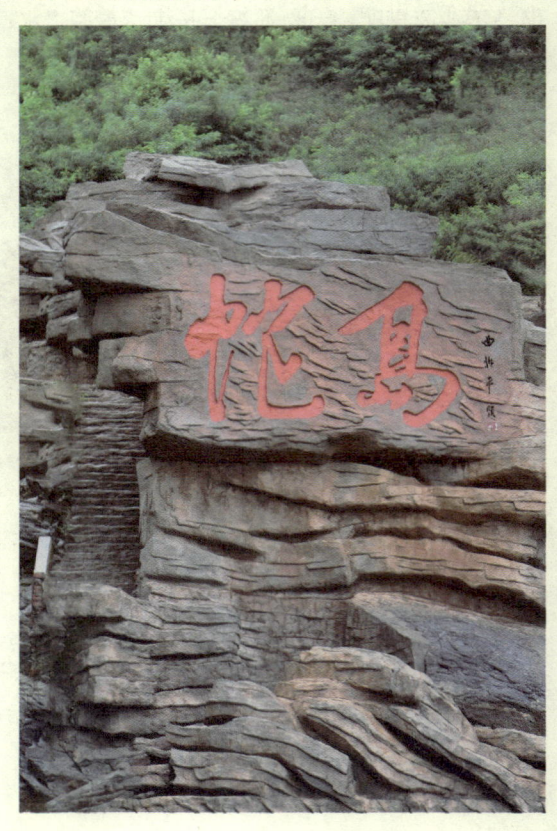

[神龙仙岛]
传说古时候岛上有一条巨蟒，当地人因此称其为神龙仙岛，如今以蛇岛为依托，已经开发出神龙仙岛海上主题公园，是大连第一条真正的吃海、玩海、看海、游海的旅游线路。

[蛇岛]
岛上坡陡沟深，土层深厚，结构疏松，天然岩缝和岩洞较多，成为蝮蛇的栖身之地。

[蛇岛美景]

6条沟、7处岩洞，四周除有一小片卵石滩外，均为悬崖峭壁，岛上有2万余条黑眉蝮蛇，是世界上唯一的只生存单一蝮蛇的海岛，堪称蝮蛇王国，这也是该岛名字的来源。

即便到处都有可能遭遇黑眉蝮蛇，藏匿着杀机，但是这座美得摄人心魄的小岛，每年依旧会吸引大量游客前往（需在专业人士的指导下登岛）。

蝮蛇是世界上唯一一种既冬眠又夏眠的蛇，这种蛇一年只捕食几次就可以存活下来，生命力极其顽强。

黑眉蝮蛇与其他种类的蛇有两点不同之处：一是夏眠，二是胎生。据说它一次受孕后每年只生一条，要几年才能生完。春、秋两季是黑眉蝮蛇的采食季节，大量迁徙鸟类成为它们捕杀的猎物。

上蛇岛前，可以先去参观蛇岛自然博物馆，了解一些有关蛇岛和蝮蛇的情况。为了安全，登岛必须有组织地进行，需要到老铁山自然保护区管理处办理手续。

[黑眉蝮蛇]

黑眉蝮蛇的头呈三角形，颈细，背灰褐色，两侧各有一行黑褐色的圆斑，腹灰褐色，具黑白斑点，捕食鼠、鸟、蛙、蜥蜴。黑眉蝮蛇的头和牙特别大，毒性甚烈，1克黑眉腹蛇毒液可毒死1000只兔子、3万只鸽子，0.1克黑眉蝮蛇毒液即可致人死亡。

海上仙山 长岛

这里环境幽静，海水清澈，有可遇而不可求的三大自然奇观，如果有幸巧遇，足以使人眼界大开，不虚此行。

长岛是中国海市蜃楼出现最频繁的地域，特别是7—8月的雨后。

长岛又称庙岛群岛，古称沙门岛，位于渤海和黄海交汇处，胶东半岛和辽东半岛之间。由南长山岛和北长山岛，加上周边32座小岛和66块明礁以及8700平方千米的海域组成，这里曾经是军事管制区，如今开放后，渔民们纷纷从事海

[长岛姊妹礁]

长岛环岛皆是奇陡的峭壁，岛的东北侧有一对高大礁石，为姊妹礁，又名姊妹峰。高者39米，低者30米，远远望去，宛如两姐妹携手在海中沐浴。

长岛素有"海上仙山"之称，白居易曾在《长恨歌》中写道"忽闻海上有仙山，山在虚无缥缈间"，《西游记》《西厢记》等小说中对长岛有所描述，山洞、柱、石、滩等美景让长岛不愧为"蓬莱仙境之源"。

[九丈崖]

九丈崖位于北长山岛上的最西北端，因海边的礁石崖壁高大陡峭且险峻而得名，十分壮观，在国内的海边景观中不多见。

[月牙湾]

月牙湾又称半月湾,长约2千米,宛如一弯巨大的新月。这里的海滩是全国罕见的砾石滩,到处是色彩斑斓的球石,可以说整个海滩就如珍珠、玛瑙铺就而成的,让人流连忘返。

参、鲍鱼养殖和开办渔家乐,并开发旅游,使这里一跃成为烟台较为富有的地区。

长岛的海岸线长146千米,岛上风景秀丽,有月牙湾、九丈崖、庙岛古庙群、仙境源民俗风情公园、林海烽山国家森林公园、庙岛妈祖文化公园和北庄遗址等旅游景点,然而最让游客神往的却是在这里能看到海上三大自然景观,即海滋、海市蜃楼和平流雾。

> 平流雾是当暖湿空气平流到较冷的下垫面上,下部冷却而形成的雾。它能将城市中的建筑物"缠绕"其中,使身处地面的人们感觉如临仙境。

[月牙湾公园]

唐太宗与长山岛

相传,唐太宗东征时,驻军南长山岛,其爱将尉迟敬德驻扎在北长山岛,不巧,尉迟敬德病重,唐太宗多次乘船过海探望,来往颇不便利,于是感叹地对尉迟敬德说:"要是两岛有路相通,我一定每天都来看望你。"当夜,浪涛翻涌,飞沙走石,南、北长山岛之间出现了一条玉带般的路,它横卧碧波之中,将两岛连接在一块。

> 海滋是当海水与水面的空气层出现较大温差时,光线通过密度不同的大气层发生折射,从而形成岛屿等变幻画面。

北方佛岛
觉华岛

"南有普陀山，北有觉华岛"，作为佛教圣地的觉华岛，不仅有青灯古佛，更有"云奔雾涌白浪卷，一叶掀舞洪涛中"的绝妙风景。

[觉华岛海滩]

觉华岛又称菊花岛，位于辽宁省兴城市东南十余千米处的渤海海域，是国家4A级景区。觉华岛形似葫芦，面积为13.5平方千米，南高北低，最高点海拔198.2米，海岸线全长27千米，是辽东湾第一大岛屿，更有"北方佛岛"之称。

觉华岛在唐朝之前称为桃花浦或桃花岛，明清之时才称为觉华岛。传说在战国时期，燕太子丹曾避秦祸于桃花岛。后来有个叫觉华的和尚在此处修身养性，专心佛法研究，故此岛又被称为觉华岛。数百年后，因岛上菊花遍地盛开，故又名为菊花岛，此后便一直延续至今。

清代诗人和瑛曾以"碧海真如画，蓬壶隔水崖，波澜成雉堞，精凿隐人家。时放桃花棹，堪寻菊谷花，何当乘跻往，绝顶隐流霞"来赞美觉华岛。

佛教圣地

觉华岛俗称大海山，传说早在春秋战国时期，岛上便有人开始定居。到了唐朝，这里已被开发成为海上要道，有一个称为靺鞨口的著名港口。明朝时期，明军将这里作为一个囤积粮草、军需的基地。在辽、金时代，觉华岛就成为远近闻名的佛教圣地，辽国名僧司空大师曾在岛上修行，并在此建造了大龙宫寺，因此有"南有普陀山，北有觉华岛"的美誉。

除了大龙宫寺外，岛上还有大悲阁、海云寺、石佛寺等著名佛寺，以及北方罕见的菩提树和历史悠久的八角井。

山石美景

得益于舒适的温带气候和优越的地理位置，觉华岛环境幽雅，树木葱茏，是一个得天独厚的避暑、游玩、休养之地。这里山石秀美、古树参天，与周边的张家山岛、杨家山岛以及磨盘山相映成趣。岛上的石林奇幻瑰丽，其中最著名的当属九顶石，其形似一块石板下有九龙托举，甚是绝妙。除此之外，还有"花岗浪雕""黛石海琢""过海石舫"等鬼斧神工之作。

时至今日，觉华岛已经成了京津冀地区游客钟爱的旅游胜地。与此同时，当地有关部门正在规划通过自然与科技交融、历史与科教一体、古典与现代并存的方式，将觉华岛打造成"北方度假天堂，东方魅力之岛"。

[大龙宫寺]

大龙宫寺是辽国的佛教中心，大龙宫寺的住持当时被辽国奉为国师。大龙宫寺于2002年重修，由大雄宝殿、天王殿、钟楼、鼓楼等建筑组成。

[九顶石]

传说很久以前，渤海龙王抓童男童女吃，弄得岛上日夜不宁，家家不安。有个和尚云游至此，听闻此事后，就坐在岛内的一块石板上讲经说法，渤海龙王听说此事后就派亲信九龙大将去把和尚吃掉，然而九龙大将近不了和尚的身，于是便从海底打洞，钻到石板下，对准石板向上顶，欲淹死和尚。和尚也不理睬，继续讲经，竟将九龙大将也迷住了，头顶着石板一动不动地在那听，天长日久后变成了九根石柱子。人们称为"九龙顶柱石"，也就是现在的九顶石。

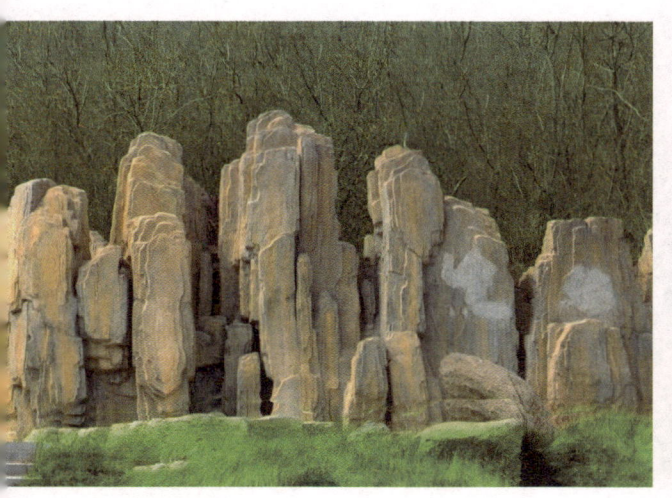

[觉华岛石林]

[觉华岛奇石]

中国万里海疆东端起点第一岛
獐岛

> 它犹如一颗璀璨的明珠镶嵌在中国万里海疆最东端的起点，其风景优美，海味十足，岛上的獐岛村堪称"中国最美渔村"。

獐岛位于辽宁省丹东市东港市北井子镇西南部黄海之中，岛上风景秀美，是中国万里海疆东端起点第一岛，也是一个国家4A级景区。

天然优质浴场

獐岛村是一个四面环海的渔村，一年四季气候宜人，既没有特别寒冷的冬天，也没有特别炎热的夏天。这里的海水不但清澈，而且矿化度非常高，对治疗皮肤病有一定的功效，而且海底没有礁石，因此是全国少有的天然优质浴场。

> 獐岛上的"八珍"有很高的药用价值，八珍分别是牡蛎、黄蚬、海蜇、文蛤、对虾、海螺子、小人仙、梭子蟹。除了"八珍"之外，这里还有"八鲜"，分别是褐梭鱼、孔鳐、鲈鱼、带鱼、鲐鱼、牙鲆、石鲽、蓝点马鲛。

> 2016年，獐岛村被评为"全国十佳休闲农庄"，成功晋级为国家4A级旅游风景区。2017年9月，獐岛村被辽宁省文明办推荐为全国文明村。2019年7月，獐岛村顺利入选首批全国乡村旅游重点村名单。2019年9月，獐岛村入选了第九批全国"一村一品"示范村镇名单。

[獐岛村妈祖庙]

[獐岛美景]

罕见的"佛光"

獐岛空气中总是弥漫着雾气，尤其是早晨，或者是下过雨后的大雾天，这里的云层会遮挡山脉，使山顶的轮廓隐现在云朵之中，远远看去，几处高高的山峰在云端微微露出。

如果幸运的话，在太阳初升时，山峰中会透出光芒，犹如"佛光"普照大地，这样的美景非常罕见。

獐岛村渔家乐

獐岛上的海产品十分丰富，仅鱼类、贝类、虾类就多达上百种。獐岛村有很浓厚的渔家文化气息，在这里可以"吃渔家饭、住渔家屋、干渔家活、观渔家景"，形成了完善的观光体系，来到岛上可以观海、垂钓，也可以去冲浪，

[清水煮杂色蛤]
用清水煮当地的特色杂色蛤、蛤叉，保留了贝类的鲜香，让人回味无穷。

或在海滩上捉海蟹、拾贝壳等。

獐岛村有"正月渔家乐""渔家赶海""做渔家人"等一系列活动供游客参与，更有民间大秧歌、渔家号子、渔家祭海、妈祖香缘等渔村民俗节庆活动。

吃好玩好后，夜里可以睡在渔家特有的大火炕上，真正的与渔家人一起体验渔民的纯朴生活。

地中海风情的网红旅店

獐岛村除了有地地道道的渔家乐之外，还有一些地中海风情的网红旅店，旅店内的许多场景或者装饰，随便一拍便会有"大片"的感觉。网红旅店里还有厨房，如果不怕累的话，可以到海边抓海鲜，也可以在当地集市购买各种海鲜烹饪。如果自己不想做饭，可以去当地的饭店品尝特色海鲜。

獐岛村有很多海鲜特产，如海蛎子、赤甲蟹，除此之外，海上的黄蚬子、梭子蟹、杂色蛤也是当地有名的特产。

[獐岛村特产海蛎子]
这里的海蛎子的特点是个头大、味道好。

[獐岛村特色菜红烧全虾]
将出锅后的大虾头尾连在一起，摆在大圆盘中，形成花瓣状。虾身火红明亮，虾肉肥美，放到餐桌上好像一朵盛开的牡丹花。不得不说，这道菜色、香、味俱全。

[獐岛村特产赤甲蟹]
赤甲蟹是当地特产之一，不仅价格实惠，味道更是一绝。

最纯天然的岛屿
养马岛

这里的周围有三种不同的海水、海滩和海浪，这种"一岛三滩"的美景是它最大的特色。

养马岛又称象岛，是山东省烟台市牟平区的一座海岛，其地处黄海北部，面积13.52平方千米。养马岛是牟平港的北部屏障，以秀丽的山海和宜人的气候著称。

养马岛之名由来

养马岛在5000年前就有人居住，传说公元前219年秋，秦始皇东巡，经芝罘沿海东进。一天正午，人马来到此地，只觉人困马乏。突然，一阵风送来阵阵馨香、嘶嘶马鸣。众人放眼望去，只见岛上峰峦叠翠，草木葱茏，一群骏马在岛上嬉戏。秦始皇情不自禁地赞道："好一个养马宝岛！"遂封此地为"皇家养马岛"，下旨命令各地送马过来，并派人上岛驯马，专供御用。秦朝灭

[养马岛]

[秦始皇七骏群雕]

[天马雕像]

养马岛特殊的地理环境形成的海市蜃楼,旧时被列为"牟平十景"之一。

关于养马岛这个名字的由来,还有另外一种说法:明朝初年,倭寇骚扰沿海一带居民。为了避倭,岛上的居民大量迁往内陆,一时土地空闲。因土质肥沃,防倭将士就利用此地养马,因而留下养马岛之名。

亡后,后世百姓反感秦朝的暴政,去掉"皇家"二字,直呼为养马岛。

一岛三滩

进入海岛,首先映入眼帘的便是天马广场。天马广场中建有秦皇文化苑、马文化苑等6处景区。天马广场中心矗立的天马雕像是海岛的标志和腾飞的象征。

以天马广场为界,东部是平缓细腻的金沙滩。每当风和日丽之时,蔚蓝的海水平静如镜,倒映山色,宛若一幅清新的山水画卷展现在人们面前。每年盛夏未到,就有无数的游客来这里戏水游泳,扬帆于碧波之上。

天马广场西面是一片黑泥滩,每当退潮时,黑泥滩更是乌油油的发亮,吸引了许多赶海人来此挖蛤蜊、捉螃蟹,尽享怡然之乐。

天马广场后面是后海礁石滩,滩前是辽阔的水域,此处礁石丛生,其形如斧削刀劈,嶙峋怪异。每遇大风天气,惊涛拍岸,堆雪砌玉,煞是壮观。

[金沙滩]

[黑泥滩]

　　金沙滩、黑泥滩和后海礁石滩组成了"一岛三滩"，成就了养马岛奇幻多变、世上少有的海滩美景。

　　除海滩外，养马岛上的青砖青瓦建筑也独具特色，许多建筑构件和饰物传承都与马有关，有着悠悠古韵。此外，岛上还有两座建于清代、供奉三官的庙宇，逢年过节皆会有盛大热闹的祭祀活动，岛民来此祭拜，祈求平安。

　　养马岛的渔民热情好客。在这里体验"渔家乐"，不管是在渔民家里小住，品尝海鲜名吃，还是随船垂钓赶海，都能让人感受到渔家风情，别有一番情趣。

[养马岛上随处可见与马有关的雕像]

[狗咬十八洞]

月牙洞旁边有一个天然洞穴，其有18个大小不一的洞口，每逢大潮，洞中就会发出巨大的声响，引得岛上渔民家中的狗咬叫不止，因而得名"狗咬十八洞"。

[后海礁石滩]

不沉的战舰 刘公岛

刘公岛的人文景观丰富独特,既有战国遗址、汉代刘公刘母的美丽传说、中国甲午战争博物馆,还有众多英国租借时期遗留下来的欧式建筑,同时风景秀丽,有"海上仙山""世外桃源"之美誉。

[刘公岛]

有旧传此岛为"海上刘氏别业",故称刘岛或刘家岛、刘公岛。

[刘公岛甲午战争纪念地石碑]

刘公岛位于山东半岛的威海湾湾口,海岛面积3.15平方千米,海岸线长14.95千米,是威海天然的海上屏障。东汉末年,皇子刘民漂泊于此,扶危济困,广施善行,岛民讳其名曰"刘公",小岛因而得名"刘公岛"。

东隅屏藩

自古以来,刘公岛在我国国防上都有着很高的地位,有"东隅屏藩"和"不沉的战舰"之称。岛内的人文景观丰富独特,既有上溯千年的战国遗址,还有清朝北洋海军提督署、威海水师学堂、古炮台等甲午战争遗址,甚至有众多英国租借时期遗留下来的欧式建筑。1985年,刘公岛由封闭的军事禁区转变为对外开放的知名风景区。

[刘公岛甲午海战浮雕]

战国遗址

　　刘公岛的历史悠久，文化底蕴浓厚，最早在战国时期就有人居住。1978年，刘公岛东村东沟发掘出距今2200年左右的战国遗址，遗址范围达2000平方米，目前已出土的文物中有陶豆、陶罐和陶盆等的残片，还有最下层尚未发掘，2006年1月，刘公岛战国遗址被列为威海市重点文物保护单位。

　　刘公岛在明、清至中华人民共和国成立前发生了许多次海战，特别是甲午战争在这里留下了深刻的历史印迹。

中国甲午战争博物馆

　　从刘公岛码头向东走约300米，便是中国甲午战争博物馆陈列馆，陈列馆的造型奇特，犹如数艘相互撞击的舰船悬浮在海面上，馆内设有9个展厅，采用雕塑和绘画等艺术形式和声光电技术，展示甲午战争的悲壮历史，再现了北洋海军（也称北洋水师）成军到覆没的历史过程。

[中国甲午战争博物馆]

[北洋海军总查公事房]

北洋海军提督署旧址

刘公岛除了有中国甲午战争博物馆外，还有北洋海军提督署旧址，馆内展出大量北洋海军的实物和各种照片。

清光绪十二年（1886年），清政府建立北洋海军，清光绪十四年（1888年）始建提督署，提督署背山面海，坐北朝南，围以长垣，占地1万平方米。

北洋海军提督署是威海的重要古迹，习惯上称为北洋水师提督衙门，是北洋海军的指挥机关。北洋海军提督署内沿中轴线有三进院落，分前、中、后三厅，东西跨院间有长廊贯通。大门前左右角楼为鸣金、奏乐和瞭望处，东西两侧是辕门。整座建筑飞檐画栋，雄伟壮观。

丁汝昌寓所

丁汝昌寓所（丁公府）距北洋海军提督署约200米，如今已被开发为"丁汝昌纪念馆"，其坐北朝南，属砖木举架结构，占地7000平方米，分三组，即左、中、右三跨院落，西院为内寓，东院为侍从住房，中院为丁汝昌办公、住宿和会客的场所，大门两侧为门房和书房。院内有一株百年紫藤，传说是丁汝昌亲手栽种的，但从前的老干已枯死了，如今的新枝虬曲，生长茂盛，每年5月花团锦簇，清香四溢。

[北洋海军提督署内的陈列]

[丁汝昌纪念馆]

威海水师学堂

在丁汝昌纪念馆西北约 300 米处有一座威海水师学堂。威海水师学堂建于清光绪十六年（1890 年），是继天津水师学堂、北京昆明湖水师学堂之后，北洋海军兴办的第三所水师学堂。威海水师学堂原来的规模非常大，有大、小房屋 63 间，但大多在之后的战火中被毁，现只存下东辕门、西辕门、马厅、照壁、堞墙及一座小戏台。

游览刘公岛，不仅是读它的人文，了解它的故事，记住它的苦难，从这些可歌可泣的历史中传承中华民族不屈不挠的精神，而且这里的风景也很美，岛上峰峦起伏，其北部海蚀崖直立陡峭，南部平缓绵延，山石树林相映生辉，素有"海上仙山"和"世外桃源"的美誉，是旅游度假和休闲娱乐的好去处。

[水师学堂东、西辕门]

[威海水师学堂]

[迎门洞炮台]

迎门洞炮台位于刘公岛旗顶山东麓一个山包上，建于 1889—1890 年。设有 24 厘米平射炮一门，炮台下修有隐蔽室和水泥掩体，现炮台已毁，遗址尚存。

《元史》中称此地为刘家岛，《登州府志》《文登县志》《崇明县志》或称刘岛，或称刘家岛。刘公岛又名龙宫岛，因岛上原有龙宫庙。

中国甲午战争博物馆中有一尊高 15 米的北洋水师将领塑像，其与整体建筑融为一体。馆内设有序厅、北洋海军成军、颐和园水师学堂、丰岛海战、平壤之战、黄海大海战、旅顺基地陷落、血战威海、尾声厅等。

23

显得有些孤寂的海岛
牙石岛

> 牙石岛是一座散落在海上的孤独小岛，其散淡随意，漫不经心，是威海风景中的神来之笔。

牙石岛位于山东半岛的威海湾北口航道北侧，南北长60米，东西最宽处约40米，面积1800平方米，岛岸线仅有15千米长。它与附近的林岛、黄岛、青岛三座小岛原本是与陆地相连的海中的一条山脊，经历亿万年的地壳运动和海水侵蚀后，它们就如棋盘上的闲子一般散落在这片海上。

牙石岛因礁石兀立、犬牙交错而得名。整座岛都是由胶东岩群层层叠叠的片麻岩组成的。岛上没有居民，也没有水源，只有零星的植被和一座孤零零的灯塔，附近的人称其为牙石灯柱。

牙石岛在风浪中显得有些孤寂，海浪拍打着岸边的礁石，也显得有些漫不经心，也许小岛每日的快乐便是航船被灯火指引前行的那一刻吧。

[牙石岛灯塔]
牙石岛灯塔位于刘公岛北口处，周边有暗礁，位置险要，在20世纪20年代有英国船只在此触礁搁浅，造成了一次不小的海难事故。

[牙石岛全景]

天然优质海滨浴场
连岛

这里青山披翠，碧海泛波，独特的海滨风光更是秀丽迷人，是黄海之滨的一颗璀璨明珠。

连岛古称鹰游山，位于黄海之滨的海州湾内，现隶属于江苏连云港，与连云港港口隔海相望。连岛身在海中央，周围云腾雾绕，似海上仙山浮于万顷波涛之上。它东西长5.5千米，南北直线距离0.9千米，面积为7.6平方千米，海岸线长18千米，森林覆盖面积达80%，是江苏省最大的海岛。

连岛地处暖温带的南缘，四季分明，气候宜人，物产丰富。游客身处被湛蓝海水包围的连岛之上，穿行于青山林荫之下，举首远眺，山海的永恒博大，使郁积于

> 连岛西侧有一条6.7千米长的海堤与陆地相连，这是全国最长的拦海大堤，被称为"神州第一堤"。

[连岛风光]

[大沙湾海水浴场]

[“海天一色”石碑]
"观海亭上观沧海，海天一色抒情怀。"此处紧邻大海，脚下是拍岸惊涛卷起的堆堆白浪，头顶是随风飘移的白云，前方是深邃蔚蓝的海天交融处，故名"海天一色"。这是连岛上的一处特殊风景。

胸的烦情愁绪顷刻间遁于无形，让人仿佛融入了苍茫的海天之中。得天独厚的自然环境使连岛成为夏季避暑纳凉、休闲娱乐、享受海鲜美味的旅游胜地。

大沙湾海水浴场

大沙湾海水浴场是江苏省最佳的天然优质海滨浴场，它位于连岛北岸中部，这里沙滩细腻、海浪平缓，是玩沙、踏浪的不二选择。因为沙滩面积大，且距离景区入口近，大沙湾也成了连岛人气最旺的地方，每到旺季，人山人海，热闹非凡。

卧龙栈道

在大沙湾旁有一条连接着大沙湾与苏马湾的栈道，它时而平缓，时而蜿蜒，游客行走在上面，沿途的海景一览无余。栈道建于岩石之上，穿行于岩石之间，像一条长长的卧龙，因此被称作"卧龙栈道"。

走在卧龙栈道上，一边是湍急的海潮，另一边是秀丽的青山，在这里可以体验山海相连的海岛风光，观赏连岛海岸的海蚀地貌。

苏马湾

沿卧龙栈道一路向前，就可到达苏马湾，这里的第一个景点便是"海天一色"石碑，从石碑旁可纵览沧海。

[卧龙栈道]

["山盟海誓"石]

"秦晋之约"苏马湾,海誓山盟一世缘。"

这里视野开阔,在天与地的辉映下,海天一色。沿着沙滩向东漫步,会看见"山盟海誓"石,这里吸引了许多年轻人在此期许自己美好的爱情。

在苏马湾东南隅的山脚下有一块长6米、高1.5米的天然巨石,石上刻有碑文,是西汉王莽时期东海郡与琅琊郡的界域刻石,距今约2000年,刻有介绍王莽时期的政治变革及经济、军事、文化和地理环境等诸多内容。

此外,海岸上还有许多巨石,经过多年日晒、风侵、雨打、浪蚀,形成了千姿百态、形象奇特的海蚀地貌,堪称"海蚀石博物园"。

[苏马湾风光]

苏马湾得名于明末将军苏子恒牧马鹰游山的美丽传说。这里的山林茂密幽深,环抱玲珑金滩,入林寻幽,林翳天日,溪响淙淙,鸟鸣啾啾;入宿木屋,夜闻风涛澎湃,晓望海上日出,给人一种远避喧嚣、恍隔世外的真切感受。

人一生一定要去的美丽中国海岛

人间第一清净地
普陀岛

以山而兼湖之胜，则推西湖；以山而兼海之胜，当推普陀。这里被大海环抱，风景秀丽，气候宜人。正如白居易的诗句所云："忽闻海上有仙山，山在虚无缥缈间。"

普陀岛又称普陀山岛，是浙江省舟山群岛中的一座岛屿，坐落于东海莲花洋上，全岛面积约为12.32平方千米。在民间传说中，此地为观音大士显化道场，也是中国四大佛教名山之一。普陀岛集寺庙、海、沙、石诸多美景于一体，是全国首批确定的44个国家级风景名胜区之一。

普陀岛不仅有莲洋午渡、短姑圣迹、梅湾春晓、磐陀夕照、莲池夜月、法华灵洞、古洞潮声、朝阳涌日、千步金沙、光熙雪霁、茶山夙雾、天门清梵十二大景观，还有南天门、普济寺、后山、西天、法雨寺、佛顶山、梵音洞、紫竹林、洛迦山九大景区。

海天佛国

普陀岛四面环海，金沙绵亘，白浪环绕，既有悠久的佛教文化，又有秀丽的海岛风光，自古就有

[普陀山石刻：海天佛国]
普陀山是中国四大佛教名山中唯一一坐落在海上的。

[二龟听法石]

[磐陀石]

普陀山磐陀石相传是观音大士说法处，石上有"磐陀石"（侯继高书）"大士说法处""金刚宝石""西天""天下第一石"等题刻。

明神宗万历三十三年（1605年），朝廷派太监张千来此扩建宝陀观音寺于灵鹫峰下，并赐额"护国永寿普陀禅寺"，寺院规模宏大，一时甲于东南。

"海天佛国""南海圣境""人间第一清净地"等美称。

普陀岛的风景大多与佛教相关，有普济寺、法雨寺和慧济寺等寺庙。除此之外，还有南海观音立像、大乘庵、潮音洞、梵音洞、朝阳洞、磐陀石、二龟听法石等景点，其中最有名的就是南海观音立像。

[普济禅寺匾额]

[不肯去观音院]

普陀岛的第一大寺：不肯去观音院

普济寺又名"前寺"、不肯去观音院，是普陀岛的第一大寺，位于普陀岛白华顶南、灵鹫峰下，其前身是有名的不肯去观音院。相传唐咸通四年（863年），日本僧人慧萼从五台山奉引观音圣像回国，舟至莲花洋时遭遇风浪，数番前行，无法如愿，遂信观音不肯东渡，乃留圣像于潮音洞侧供奉，称"不肯去观音"，建"不

[普陀岛潮音洞]

[九龙宝殿]

[法雨寺]

> 早在2000多年前，普陀山便是修道之人的修炼宝地。古往今来，有许多的道士前来此地修道、炼丹，现如今，普陀山上还保留着炼丹洞以及仙人井。

肯去观音院"，成为普陀岛佛教开山之起始。宋嘉定七年（1214年），普陀山正式成为观音菩萨道场，与五台山、峨眉山、九华山同称佛教四大名山。

后来历朝几经摧毁、扩建，清康熙八年（1669年），荷兰殖民者入侵普陀，这座寺庙除大殿未毁外，其余均荡然无存。清康熙三十八年（1699年），修建护国永寿普陀禅寺，并赐额"普济群灵"，始称"普济禅寺"。

泉石幽胜法雨寺

法雨寺又名"后寺"，也称护国镇海禅寺，坐落在普陀岛白华顶左，是普陀山三大寺之一。法雨寺建于明万历八年（1580年），因当时此地泉石幽胜，僧人结茅为庵，取"法海潮音"之义，取名为"海潮庵"，明万历二十二年（1594年）改名为"海潮寺"，明万历三十四年（1606年），朝廷赐名为"护国镇海禅寺"，清康熙三十八年（1699年），康熙皇帝将南京明代宫殿拆除后，在寺内盖了九龙宝殿，并赐"天华法雨"和"法雨禅寺"的匾额。此寺也因此改称"法雨禅寺"，名字一直沿用至今。

佛顶山上的慧济寺

从法雨寺经由有 1088 级石阶的香云路，行走约 1 千米，就能到达坐落于海拔 283 米的普陀山佛顶山上的慧济寺，它是普陀山海拔最高的寺院。

慧济寺俗称佛顶山寺，为普陀山三大寺之一。该寺颇有浙东园林建筑风格，为其他禅林所少见。慧济寺最早由明朝僧人圆慧初创，名为慧济庵，到清乾隆时期，有僧人将慧济庵扩建成慧济寺，寺院深藏高岗林屏之中，清幽绝尘，走出山门不远，便可观幽奇诸峰，缥缈群岛，四周鸟语花香，令人恍若置身于仙境。慧济寺西侧还耸立着世界上最后一棵野生鹅耳枥。

[慧济寺院门匾]

普陀山有趣的民俗：
挈拜岁包头：春节时，大家会携带荔枝、桂圆、红枣等礼品到亲戚、朋友家拜年；
禁忌说"早"：春节时，早上与人交谈，禁忌说"早"字。当地人认为，可以防生蚤，避遭灾；
妇女们不得去井边洗衣、洗菜；
重阳节时女婿家要给丈母娘家挑重阳重担（就是送礼）。

[南天门]

进入普陀山山门，沿着海岸往短姑圣迹方向走，便是南天门的地界。南天门是一个不太大的景点，但是景观很精致，一座小庙供奉观世菩萨，三块巨石天然形成的拱门令人叹为观止。如果你想找一个清静的地方看海听潮，那么南天门是不错的选择。

[普陀山鹅耳枥]

相传八仙游历到南海仙山时看到观音菩萨在一棵鹅耳枥下打坐，观音菩萨在此与八仙相见，为他们讲经说法，当时有一粒种子落到了观音菩萨头上，之后这粒种子被带到了普陀山上，很快生根发芽，长成大树。

南海观音立像

1993年，普陀山的妙善大和尚在路过观音跳三岔路口时，发现草丛里有一尊观音圣像和他面对着面，可是旁边却无人见到观音圣像，有人说妙善大和尚眼花了。妙善大和尚坚持认为这是观音给他的指引，并坚称自己看到了观音圣像。

从此之后，妙善大和尚便开始云游各地，募集了大量善款，最后在河南的一家铜加工厂建成了这座南海观音立像。

从普济寺步行20分钟就可到达普陀山最有名的南海观音立像前，南海观音立像法相庄严，面如满月，左手持法轮，右手施无畏印，含笑慈悲视众生。

南海观音立像位于当年慧锷留"不肯去观音"的潮音洞之上，其高18米，莲花座为2米，两层地基为13米，加在一起是33米，重达70多吨，如今已成为普陀山的标志性建筑之一，在岛上很多地方都能远远望见它的身影。

[观音跳]

[南海观音立像]
普陀山上最具标志性的建筑要属南海观音立像。南海观音立像高达33米，其形象是观音大士正在垂眸悲悯众生。

观音文化节主要是以海天佛国深厚的观音文化底蕴为依托，弘扬观音文化为目标的佛教旅游盛会。观音文化节是当地最大的旅游节庆。它于2003年开始创办，每年都要在普陀山举办。

普陀岛的后花园
鲁家峙岛

> 它是普陀岛的后花园，与沈家门渔港一衣带水，在海底隧道的连接之下，鲁家峙岛成了普陀岛旅游区的"后勤总部"。

据1924年《定海县志》记载：卢家屿亦称鲁家屿。由于最先定居岛上的人家姓鲁，因此而得名。

鲁家峙岛长约2.5千米，宽约1.5千米，面积为3.74平方千米，位于舟山岛的东南方，隶属于浙江省舟山市普陀区沈家门街道，是舟山群岛中的一座小岛，属于沈家门渔港的一部分。

通过沈家门渔港海底隧道便可以步行去往鲁家峙岛，鲁家峙岛上大多是淳朴的小渔村，以及初经开发的小公园。岛上有一座肚脐山，山上有一座灯塔，这里是饱览沈家门渔港景观的最佳地点，也是一个茶余饭后、徒步散心的好去处。

[鲁家峙灯塔]
鲁家峙灯塔位于海拔85.1米的肚脐山上，高度为18米，总建筑面积为544平方米，是饱览沈家门渔港景观的最佳地点。

[鲁家峙岛日落]

世界最美海岸线

岱山岛

"海浪声声，海鸟鸣啼"，岱山岛有漫长的海岸线，山海风光秀丽，以海瀚、滩美、礁奇、山秀等闻名，被誉为"世界最美海岸线"。

> 岱山岛是舟山群岛中的第二大岛。从宁波开车走舟山跨海大桥到三江码头，然后乘坐渡轮40分钟左右就可以到达岱山岛。这是一座原汁原味的风情小岛。

> 依据当地说法，南宋末年时，岛上居民在此建庙，因面临海上"神福五岛"，故取名为"神福庙"。清雍正年间重修庙宇时，修庙人为怀念灭亡的明朝及亡故的末代皇帝崇祯，改名为"崇福庙"。这座四合院式的庙宇是典型的清代建筑，是舟山屈指可数、岱山唯一一座保持原貌和格局的古庙。现庙内存有乾隆戊午年的"崇福庙"匾及光绪年间制作的"崇福庙"匾各一块。

岱山岛隶属于浙江省舟山市，坐落于黄海之上，是岱山县404座岛屿中最大的岛屿。岱山岛有漫长的海岸线，山海风光秀丽，以海瀚、滩美、礁奇、山秀等闻名，被誉为"世界最美海岸线"，同时也被称为"海上古蓬莱"，这里的"蓬莱十景"更是让人向往。

蓬莱十景：白峰积雪

岱山岛的最高峰是位于岛东南的磨心山。磨心山南邻大海，被群山环抱，更显其秀丽挺拔之姿。在磨心山的山脚，绿林掩映之下有一座粉墙黛瓦、飞檐翘角、着彩描金、气势恢宏的古庙——崇

[白峰积雪]

福庙。崇福庙坐北朝南,背山面海,东西有两山夹峙。

磨心山岗岭绵延叠翠,满山苍松翠柏,四季林木葱茏,绿茶郁郁葱葱,环境幽雅宁静。

每当寒冬之时,白雪皑皑,给青峰着上了银装素裹,这便是"蓬莱十景"中有名的"白峰积雪"。

蓬莱十景:鹿栏晴沙

除了磨心山外,岱山岛上还有著名的鹿栏山,而"蓬莱十景"之一"鹿栏晴沙"便是这东濒岱衢洋、北靠鹿栏山的后沙洋沙滩。该沙滩全长3.6千米,宽300米,是浙江沿海最长的一条沙滩。其沙质匀细,滩面平实,沙子在海水的浸泡下呈铁灰色,有"万步铁板沙"之称。

沙滩上建有"晴沙海洋乐园",里面有茶室、海滨浴场、灯光舞厅和溜冰场,还有高速游艇等游玩设施,是旅客暑期游览、度假的理想去处。

[岱衢洋]

岱山岛的历史非常悠久,据岛上出土文物考证,早在5000年前的新石器时代,岛上便已有人类繁衍生息,而有文字记载的历史也有2000多年。

[鹿栏晴沙:华东第一滩]

人一生一定要去的美丽中国海岛

[鹿栏晴沙日落]

蓬莱十景：蒲门晓日

"廓落溟涨晓，蒲门郁苍苍，登楼礼东君，旭日生扶桑，毫厘见蓬瀛，含吐金银光"，这首唯美的《蒲门戍观海作》是唐朝诗人陈陶所著，诗中描述的即是岱山岛"蓬莱十景"之一的"蒲门晓日"。

岱山岛高亭镇东面的蒲门山顶是整座岛上观赏海上日出的最佳之地，一年中的任何时候，只要天晴便可在此欣赏到晓日伴随着鸡鸣、跃出海面的场景：朝晖染红天边，洒满海面，随着潮水的涌动，眼前会呈现一幅金波闪烁、美艳至绝的天然彩图。

[徐福亭]

"停桡欲访徐方士，隔水相招梅子真。"在海洋乐园入口处的一个小山墩上，有一座仿古式的双层四角亭，四角亭以石栏修饰。亭内树有一碑，双龙合抱，由青石精雕而成。碑文记录了徐福求仙与岱山古名蓬莱的关系，站在亭上可远望大海，俯视整片沙滩，阵阵海风拂面，使人心旷神怡。

[唐朝诗人陈陶]

陈陶（约公元812—885年），唐朝诗人，字嵩伯，自号三教布衣。

蓬莱十景：石壁残照

在岱山岛最西端有一座悬水孤岛，该岛由人工修建的拦海大坝同岱山岛相连。小岛上的怪石峭壁层叠而立，当地人经过几百年世代艰辛取石开凿，形成了50多处大小不同的奇石怪洞和形态各异的石景，有雄伟挺拔的石峰，形如刀削的石壁；有色彩缤纷的石幔，清晰见底的石潭。塘口下石洞深幽，碧水挽天，峭壁戴云，如夕阳投影在石壁上，远望近看煞是壮观，被风雅之士称作"石壁残照"，它也是"蓬莱十景"之一。清代诗人刘梦兰曾赋诗："石壁潺颜影倒横，夕阳闪闪十分明，若教移人天台郡，霞彩何曾让赤诚。"

[泥螺山]

在"鹿栏晴沙"之中有一座滩中小屿，三面是沙滩，一面入海，远远望去像一只硕大的泥螺爬向海中，因而得名泥螺山。在其山顶有一处刑马石览旧址。

[桐盘湾沙滩]

岱山岛不仅有"鹿栏晴沙"，还有桐盘湾沙滩等众多的大小沙滩，而且几乎每处沙滩都可以通过骑行或自驾直接到达。

[石壁残照]

[怪石峭壁]

逐渐淡出人们视线的美景

"蓬莱十景"中除了"白峰积雪""鹿栏晴沙""蒲门晓日""石壁残照"之外，有部分景色已经难复旧观了。

比如，据《岱山镇志》记载，岱山岛的桥头镇在古代称为石桥镇，100多年前，南浦之潮与北浦之潮在此相接，船只可直至桥下。桥边商铺林立，市面繁荣，无数渔舟、商船停泊于绿荫深处，点点桃红随波逐流而去，风景如画，被誉为"石桥春涨"。如今这样的场面已经很难见到了。除此之外，"蓬莱十景"中的"南浦归晚""鱼山蜃楼""横街鱼市""衢港渔火""竹屿怒涛"等，都在经济开发大潮中逐渐淡出了人们的视线。

除了家喻户晓的"蓬莱十景"外，岱山岛上还有建于五代后晋天福二年（937年）的超果寺、建于清乾隆年间的慈云庵，以及中国海防博物馆和中国灯塔博物馆。

陈将军杀马祭天征琉球：

隋朝末年，隋炀帝派遣骠骑将军陈棱率兵万余人征琉球，途经岱山，在鹿栏晴沙一带安营扎寨，杀马祭天7昼夜。不久攻克了琉球，隋炀帝赐封陈棱为"右光禄大夫"。事后，当地群众为了纪念他，就在该景区附近修建了"陈将军庙"。

涨潮之时，海浪声震耳欲聋；而退潮之时，潮水却祥和安宁。因为有潮汐万变，所以海滩上能看到许多被海浪带来的好东西。在这里一年中总有那么几天的早晨，天晴、无风，沙滩上会覆盖着一层薄薄的雾气，久聚不散，美不胜收。

[东沙古镇]

东沙古镇是岱山岛上最值得游玩的古镇，也是最具当地特色的古镇。

海上雁荡 朱家尖

这里是舟山群岛最美的地方，有美得脱俗的金色沙滩、奇特的乌石塘和迷人的海岸线，集海、沙、石、林、洞于一体，让人流连忘返。

[从青山峰俯瞰朱家尖海滩]
大青山是朱家尖岛山海风光完美结合的一个景点，青山峰也是全岛最高峰，海拔378.6米。

朱家尖的面积为72平方千米，是舟山群岛的第五大岛，位于舟山群岛东南部的莲花洋上，北距普陀岛2.5千米，西由朱家尖海峡大桥与著名渔港沈家门相连。

朱家尖属于丘陵和海积平原地貌，东南部海岸曲折，山势挺拔，礁石岬角众多，金沙广布，奇岩突兀，绿林萦绕，蓝天碧海相映，具有集"海、沙、石、林、洞"于一体的山海自然风光，是舟山群岛东部一处美丽的旅游胜地，也是国家4A级景区，其著名景点有朱家尖海滩和乌石塘等。

朱家尖与普陀山并称为普陀山国家级重点风景名胜区，是舟山群岛核心旅游区"普陀金三角"的重要组成部分。

朱家尖历史悠久，据出土文物考证，早在商、周时已有人在岛上居住。

[沙雕节]

朱家尖海滩

朱家尖海滩由白山沙、月岙沙、大沙里、樟州沙、东沙、南沙、千步沙、里沙、青沙9处金色绸缎般的沙滩组成，沙滩有岬角护卫，独立成景，一个接一个，组成庞大的链状沙滩群，全长5000多米，号称"十里金沙"。

朱家尖海滩各处沙滩之间有岬角相拥，国际沙雕组织认为朱家尖海滩的沙质和景观远远胜于世界避暑胜地夏威夷，每年都会在这里举办国际特色沙雕展。除此之外，这里还有海滩滑沙、沙雕展游览小火车、沙滩嘉年华等活动，以及配套的购物与餐饮服务。

> 舟山岛古称"海中洲"，又以岛形如大舟浮海，故名舟山。

> 朱家尖属亚热带季风气候，四季分明，终年多雨，温和湿润。由于四面环海，受海水温差的调节，冬无严寒，夏无酷暑。

> 千步沙的北端有一块巨石，每到潮水落去后，石头便会露出水面，上面刻有"听潮"两个字。

[乌石塘鹅卵石]

乌石塘

除了美丽的沙滩之外，朱家尖上还有以山、海、沙、石组成的大青山国家森林公园，以及即将落成的观音圣坛，这些景点背后是一处乌石塘，上面铺满了乌石。

乌石塘以乌黑发亮的鹅卵石闻名，这里的鹅卵石花纹斑斓，光洁可爱，小的如珠玑，大的如鹅卵，可与南京雨花石相媲美。躺在清凉光洁的砾石上望明月，聆潮音，遐思油然而生，让人恍入幻境，人们称此景为"乌塘潮音"。

[乌石塘特色小吃——烤小螃蟹]

烤小螃蟹值得一尝，味道极佳。吹着海风，喝着啤酒，吃着烤小螃蟹，真是人生一大享受。

朱家尖上的美食有葱油观音草、美极紫菜汤、葱油舟山白黄鱼、爆炒花蛤、炒时蔬、酱爆鱿鱼、黄瓜拌海蜇、葱油石斑鱼等，每一种都让人回味无穷。

[乌石塘]

说到乌石塘还有个动人的故事：相传乌石滩是乌龙的化身，它本是东海龙王的三太子，有一天，乌龙闲来无事，便溜出龙宫游玩，被一群鲨鱼精围攻。在乌龙寡不敌众时，有渔民帮助它化险为夷。后来乌龙为了报答当地渔民，便化身为乌石滩守护着海塘。而乌石滩上的乌石便是乌龙的鳞片，每当大风将至，乌龙便会抖动龙鳞，高声鸣叫，提醒当地渔民赶紧归航。

人一生一定要去的美丽中国海岛

美丽的私人岛
情人岛

据说这是一座私人岛屿，岛主心情不好，不开放；岛主有客，不开放；有台风、下雨天，不开放；岛主家的"旺财"心情不好，不开放……这是一座随时会拒绝游客的岛屿，也是一座美丽的岛屿。

[情人岛]

情人岛原名后门山，位于朱家尖的东部，由一座122米长的悬索桥与朱家尖相连。岛上不通车，只能徒步登岛游玩。

情人岛只有0.2平方千米，长千余米，呈长形，从高处俯瞰，犹如一座"人"字形半岛，退潮时沙滩与朱家尖相连，涨潮时，悬索桥下潮流滚滚，很有一番景致。

情人岛的面积虽然小，但是这里崖壁陡峻，洞穴深幽，以小巧玲珑和海山奇观而闻名，其著名景点有"蛟龙探首""龙洞""落鹰峰"等。

如果说朱家尖海滩带给人一种舒适的休闲乐趣，那么，情人岛的海蚀地貌则带给人一种轻松的浪漫情调。

[情人岛美景]
两座悬崖犹如一对恋人，它们之间由一座索桥相连。

宁波海上后花园
六横岛

这里除了拥有古港、古庙、古战场之外，还有青山绿水、碧海蓝天和渔港、渔村、渔家乐，别有一番风味。

[六横岛晚霞]

六横岛是舟山群岛中面积仅次于舟山岛和岱山岛的第三大岛屿，其位于舟山南部海域，东濒东海。全岛陆域面积为113.82平方千米，与普陀岛、沈家门、朱家尖、桃花岛仅一水之隔，海陆交通十分便利。

六横岛自古就有人类活动

春秋时期，六横岛是越国治下，当时这里就有人类活动。据传说，秦朝末年，一个能施法术的黄公来到东海六横岛降

[角抵戏《东海黄公》]

宋代吴自牧《梦粱录》中记载："角抵者，相扑之异名也，又谓之争交。"角抵如同今天的摔跤、相扑，两个人角力。"角抵戏"（也称"角觚百戏"）是最早的戏曲形式，有戏剧史家把《东海黄公》视为中国戏曲的雏形。

[王安石庙]

白虎，可惜法术失灵，自己被白虎所杀，当地人将此事编成角抵戏《东海黄公》，在浙江省广为流传，六横岛一度被人们称作"黄公岛"。

自明代起改名为六横岛，因为全岛有从东南到西北走向的6条岭横岛屿，其形如蛇，当地百姓称为"横"，故得名"六横"。

王安石庙

六横岛礁潭中心村有一座纪念北宋政治家、诗人王安石的王安石庙（太平庙）。相传王安石任鄞县县令期间，曾亲赴六横岛抗旱救灾，解民于危难之中，后来王安石又多次来访六横岛，并留有诗作《题回峰寺》，后人为铭记其功绩而建王安石庙并保存至今。

浙东第一功

清同治元年（1862年）二月初三，太平军将领赵增率领42艘兵船攻打六横岛，遭到民团抗击，交战中太平军伤亡过百，恼羞成怒的赵增欲倾巢而出攻下六横岛，却不曾想遇到大潮突涨，攻岛士兵被淹死无数，不得不退兵。

同治皇帝得知太平军未能占领六横岛的消息后，认为岛上必有神灵保佑，下诏在六横岛修筑天受宫，并以"浙东第一功"为此宫题名。

> 相传东海人黄公，年轻时练过法术，能够制伏蛇、虎。他经常佩戴赤金刀，用红绸束发作法，能兴云雾，本领很大。到了老年后，他气力衰疲，加上饮酒过度，法术失灵。秦朝末年，东海出现白虎，黄公仍想拿赤金刀去镇服它，可是法术不起作用，反被白虎咬死了。

[浙东第一功]

[东海游击总队英烈纪念碑园]

> 东海游击总队于1948年4月在定海北蝉钓门村宣告成立，它的成立为我党领导的东海地区开展轰轰烈烈的人民游击战争揭开了新的一页。

东海游击总队英烈纪念碑园

六横岛上有一座占地面积4万平方米的东海游击总队英烈纪念碑园，据记载，1948年8月21日，东海游击总队主力在挺进天台山根据地的途中，在六横岛上遭到国民党陆、海、空军2000余兵力的包围，东海游击总队共有86名游击队员被俘和牺牲，最后只有70多人突围。为了纪念这些英烈，当地政府在2003年建造了这座陵园，整座陵园的主要建筑包括纪念碑、广场、历史遗迹陈列室等。

名贯古今的海港

位于六横岛与佛渡岛之间的双屿港是一个名贯古今的海港，明朝时属宁波府定海县（今镇海）郭巨千户所管辖，今属舟山市管辖。

双屿港即双屿洋，今称双屿门（水道），悬居海洋之中，位于主航道线上，但又距海岸不远，便于粮草接济，500年前曾是一个非常繁荣的民间贸易港口，也是从事走私贸易的多发地，如今是进出宁波甬江的必经航道，是宁波的贸易大门。

[烈士纪念碑]

该烈士纪念碑高18米，宽5.6米，碑正面刻着由原浙江省委书记薛驹题写的"东海游击总队烈士纪念碑"几个大字，碑后面是由六横镇政府敬立的碑文。

[解放六横岛]

宁波港海上门户
金塘岛

这是一座飘散着李子香甜气息的小岛，地理位置重要，明朝曾在这里平定倭寇，被誉为"宁波港海上门户"。

[金塘岛港口日落]

金塘岛是舟山群岛中的第四大岛，与舟山本岛一衣带水，全岛面积为77.35平方千米，为宁波港海上门户，兼之良田沃野，为舟山群岛的主要产粮区。

[鹤鸣庵]

金塘岛开发较早

金塘岛开发较早，在这里可欣赏到海滩、山林、田园和渔港风情。

经过舟山跨海大桥，能一路驾车进入金塘岛，甚至抵达金塘岛的最高峰——仙人山山脚，从仙人山山脚有一条盘山公路直达山顶的鹤鸣庵，庵中青烟袅袅，梵香阵阵。相传，古时候曾有一位青年在此遇见仙人,而后得道成仙。

金塘李是金塘岛上的特产,以皮青心红、果大核小、汁多鲜美而著称。金塘岛近海有许多海产品,特别是其西北侧大鹏岛的海瓜子,以粒大、肉嫩、味鲜、壳薄的特点而驰名于苏浙沪一带。金塘岛还有"家具岛"的美名,岛上的家具行业很发达,以用料讲究、做工精细、款式新颖、色泽光亮的特点而风靡国内外家具市场。

解放金塘岛登陆点纪念碑

在金塘岛新丰村柏塘岙的解放金塘岛登陆点上竖立着一座纪念碑。金塘岛战役是解放舟山群岛的主要战役之一。1949年10月5日拂晓,金塘岛获得解放,共有211名解放军战士英勇牺牲,换来了毙、俘国民党军2400余人的战果。

平倭碑

除了解放金塘岛登陆点纪念碑之外,岛上还有一座有近400年历史的"平倭碑"立于沥港下街。碑正中偏下阳镌"平倭港"三个苍劲有力的大字,字顶端刻碑铭200余字,陈述了明朝副总兵卢镗及子卢相等,率部在金塘岛沥港斩杀倭寇的史实。

[仙人山风景区]

> 舟山群岛的渔民尤其忌说"翻"字,怕出海遇风浪翻船。譬如,菜盆中的大鱼吃了一半不能说"翻过来吃",要说"划过来或转过来吃"。夏天翻晒黄鱼鲞、乌贼鲞、龙虾,烤鱼时也不能说"翻一翻",要说"划一划";还忌说"下"字,"下饺子",要说"煮饺子","下饺子"俗称人掉落海里"淹死"。"下海"要说"出海";也忌说"霉"字,连谐音的"煤"字也不能说,"烧煤饼"只能说"生炉子"。

> 据《金塘志》记载,平倭碑建于明嘉靖四十二年(1563年),天启五年(1625年)重修,在沥港的街头已经伫立近400年。

[金塘大桥]

人一生一定要去的美丽中国海岛

海上的丽江
东极岛

它是舟山群岛中海山风光和渔家风情最典型的岛屿，阳光、碧海、岛礁、海味，让它有"海上的丽江"的美誉。

[东极石]

东极岛并不是一个正式的地理名称，也不是单指某座岛屿，而是习惯上对浙江省舟山市普陀区东极镇所辖的所有岛屿的总称，其地理上的正式名称是"中街山列岛"。东极岛的地理位置独特，其位于舟山群岛最东端，在东经122.4°、北纬30.1°之间。东极岛远离舟山岛，陆域面积为11.7平方千米，拥有大小28座岛屿和108个岩礁，其中庙子湖岛、青浜岛、东福山岛、黄兴岛为4座住人岛。

庙子湖岛

东极岛虽然由众多岛屿组成，但是我们一般常说的东极岛，就是指东极岛的主岛、东极镇政府所在地——庙子湖岛。

相传庙子湖岛自古就有人居住，清朝中期海盗蔡牵等在东极岛海域活动频繁，岛上居民不堪骚扰，渐渐搬离，直到朝廷剿灭了海盗之后，东极岛才又恢复了渔业

[东海第一哨]

生产，据传福建渔民到达这里时，见岛上有一座小庙，庙下有一处水池（福建渔民称庙为"庙子"，称水池为"湖"），因此将其命名为庙子湖岛。

电影《后会无期》《东极岛之恋》上映后，东极岛"山好、水好、人更好"的特点广为人知，一些电影中出现的场景也逐渐成为热门景点，如直升机机场（《东极岛之恋》拍摄地）、第一弯道、金毛坡 / 龟毛坡（《后会无期》片场）等。

> 蔡牵（1761—1809年），福建同安人，因饥荒而下海为盗寇，多方响应。他率领近万人驰骋于闽、浙、粤海面，劫船越货，封锁航道，收"出洋税"。后被清朝福建、浙江等地官兵多次联合围剿，蔡牵因寡不敌众，开炮自炸座船，与妻小及部众250余人沉海而死。

[财伯公]

财伯公的传说

据传，200多年前的一个夜晚，海雾弥漫，有艘渔船在东极岛海面触礁沉没，船上唯有福建惠安渔民陈财福因游上了庙子湖岛而幸存下来，他靠拾海螺和种植蔬菜度日。从此，每逢雾夜天，陈财福就会跑到山上，点起火把，给海上航行的渔船指引方向，渔民会向着火光来庙子湖岛避风。

陈财福却因带病坚持给渔民指引方向而病死在山顶，从此，渔民们把陈财福当成心中的活菩萨，并尊称他为"财伯公"。2002年，当地人在财伯公点火导航的山头立起一尊高大的财伯公塑像，那座山也被称为"放火山"。

[海疆卫士门]

庙子湖岛的海边矗立着一块刻有"海疆卫士门"的石碑，道出了东极岛作为"东海第一哨"的重要地位。

图说海洋

青浜岛、东福山岛、黄兴岛

青浜岛、东福山岛与黄兴岛分别位于庙子湖岛的东、西两边,据记载,这里在清朝康熙年间已有人居住,主要从事开荒种植和海上捕鱼活动。

青浜岛位于庙子湖岛东边,乘船10分钟即可到达,岛屿略呈长形,南北长2.45千米,东西宽0.8千米,海岸线长10.5千米,岛上草青花盛,春季和夏季一片葱绿,且四周海域的海水靛青,当地人称海边为浜,故名青浜岛。青浜岛上的海派渔村建筑群依山而建,坚固实用,气势宏伟,有"布达拉宫"的意味,因此得名"海上布达拉宫"。

[海上布达拉宫]

青浜岛南岙有一个有名的景点:海上布达拉宫,驾舟远望,岸边建筑沿势而造,层层叠叠,呈现西藏布达拉宫般的景象,气势极为壮观,是游客到东极岛游玩时不可错过的一大景观。

[东极里斯本丸沉船纪念馆]

1942年,运载2000名英国战俘的里斯本丸从香港前往日本,该船行驶到舟山外洋时,遭鱼雷攻击而沉没。战俘跳入海中逃生,当时青浜岛及附近渔民奋力营救英国战俘共计384人。后来日军上岛搜捕,抓走绝大部分英国被俘人员,仅有3位英国人因被当地渔民藏匿而得以逃生,辗转至重庆后返回英国。

[青浜岛小岙海滩]

这是一个幽静、绝美的小海湾。

东福山岛位于东极岛的最东端，从青浜岛乘船往东 20 分钟即可到达，其陆域面积为 2.95 平方千米，岛上全是丘陵地貌，海岸线长 9.26 千米，常住人口仅 200 人左右。相传，秦朝时徐福率 3000 名童男、童女下东海为秦始皇求取长生不老之药时曾驻足此地，该岛因此而得名。东福山岛被当地人戏称为"风的故乡、雾的王国、雨的温床、浪的摇篮"，还是

[东海第一哨灯塔是东福山岛的标志性建筑]

东极岛除了有电影《后会无期》《东极岛之恋》的取景地，还有财伯公庙、东极渔民画展厅、财伯公塑像（自由男神像）、东海游击队烈士纪念碑、东翔厅观潮、海疆卫士门、东海第一哨、极地石屋群、白云庙、象鼻峰、海岛奇石等旅游景点。

[东福山岛石屋群]

东福山岛位于东极岛的最东端，被当地渔民戏称为"风的故乡、雾的王国、雨的温床、浪的摇篮"。

歌曲《战士第二故乡》的发源地，而且因是"新世纪第一道曙光照射点"而成为看日出的不二之选。

黄兴岛位于庙子湖岛的西边，呈长形，南北走向，长 3.4 千米，宽 1.45 千米，海岸线长 11.6 千米，因岛上的表层大部分为黄土，加上最早登岛定居的黄姓祖先盼望子孙后代兴旺发达，故名黄兴岛。这里是东极岛上唯一有大型沙滩的地方，不过还没有开发，也没有公共交通，游客较少。

黄兴岛深得海钓者喜爱，被称为矶钓的"风水宝地""东海鲷类的梦幻钓场"。

东极渔民画

东极渔民画是东极岛的一项特色，其起源于 20 世纪 80 年代末，画作以大海为背景，以渔民的生产、生活为题材，表现手法有着大海的自由随意、真情流露和诗意盎然的鲜明特点，是渔民艺术的典范、海洋文化中的一个品牌、民间美术百花园中的一朵奇葩。

[福如东海]
经有关专家考证，"福如东海，寿比南山"之说的"福如东海"就在东福山岛，岛上的山坡上有一块奇石，能与海天佛国普陀山的"天下第一奇石"相媲美，并刻有天下第一福的"福"字。传说到达此地的人都能增福、增寿。

碧海奇礁、金沙渔火
泗礁山

这里以"碧海奇礁、金沙渔火"的海岛风光著称，有"海上仙山"之称。岛内自然风光独特，人文景观众多，渔乡风情浓郁，有沙滩、海礁、奇洞、险峰、悬崖等景观，是一个旅游度假的理想场所。

泗礁山呈东西走向，面积为 21.35 平方千米，形如一匹浮海昂首的骏马，它是嵊泗列岛的主岛，在舟山定海城关东北约 80 千米处，与上海市南汇嘴相距 54 千米。

[泗礁山网红打卡点——老鼠山]
这是泗礁山有名的环海公路，全长 2.8 千米，其中最美的一段是老鼠山段，路边的网红打卡点也是观海点，可看到海中一座形如卧着的小老鼠的小屿。

[东海渔村]
东海渔村由田岙村、黄沙村、边礁村、会城村、峙岙村组成，除了峙岙村在黄龙岛外，其他 4 个村都在泗礁山。这也是嵊泗主推的旅游景点。

人一生一定要去的美丽中国海岛

[墙壁上的绘画]

东海渔村内充满渔家风情，家家户户都会在房屋外的墙壁上绘上壁画，大多和鱼等海洋元素有关。渔村里有不少民宿，也有很多海鲜小馆，其中的海鲜面不容错过。渔村里的人过着闲适的生活，经常可以看见渔民坐在门口的小板凳上织着渔网。

北部海域有 4 块大礁石

泗礁山古称北界山、马迹山、苏窦山，别名泗洲山、狮山、梳头山等，因岛北部海域的 4 块大礁石而得名。泗礁山最早的人类活动时期可追溯到新石器时代，唐、宋时为舟山所设县辖地，明朝时因"海禁"，岛上居民迁徙一空，直到清朝康熙年间，"海禁"解除后，才陆续有岱山岛、衢山岛、舟山岛和宁波等地的渔农民进岛定居。

如今，泗礁山有居民约 3 万人，全岛环境优美，

[自行车租赁点]

泗礁山不像其他离岛那样出行方便，岛上有自行车租赁点，可以租一辆自行车，沿着公路边骑行边欣赏美景。

[灵音寺大雄宝殿]

54

[从大悲山顶俯瞰姐妹沙]

图左边是南长涂沙滩，右边是基湖沙滩。

沙软坡缓，水清浪小，植被茂盛，森林覆盖率约为50%，是舟山市有名的风景旅游核心地段。

大悲山

大悲山因佛教观音文化中的大慈大悲而得名，位于泗礁山东部，山体秀美，后晋时有僧人在山上建资福院；唐代高僧、日本律宗初祖鉴真法师东渡的途中在此地停留讲法，因此被视为佛教圣地；清朝时作为普陀岛圆通庵的分寺，资福院被改名为灵音寺，之后又几经扩建，才有了如今寺院的规模，寺内有天王殿、圆通宝殿、大雄宝殿、罗汉堂和观音堂等建筑，常年香客络绎不绝，香火甚盛。

大悲山山顶的视野极佳，昔称"大悲极顶"，可俯瞰基湖沙滩和南长涂沙滩。游客在此远眺碧海蓝天，只见云涌物动，有置身蓬莱仙境之感。

[鉴真法师]

鉴真（688—763年），唐代高僧，日本律宗初祖，亦称"过海大师""唐大和尚"。在营造、塑像、壁画等方面造诣颇深，他与弟子采用唐代最先进的工艺，为日本天平时代艺术高潮的形成增添了异彩。

[基湖沙滩]

基湖沙滩曾被侵华日军辟为水陆两用机场，作为进攻淞沪的海上基地，因此陶醉于美丽景色的旅游者，不要忘记曾经的历史，国家富强来之不易。

人一生一定要去的美丽中国海岛

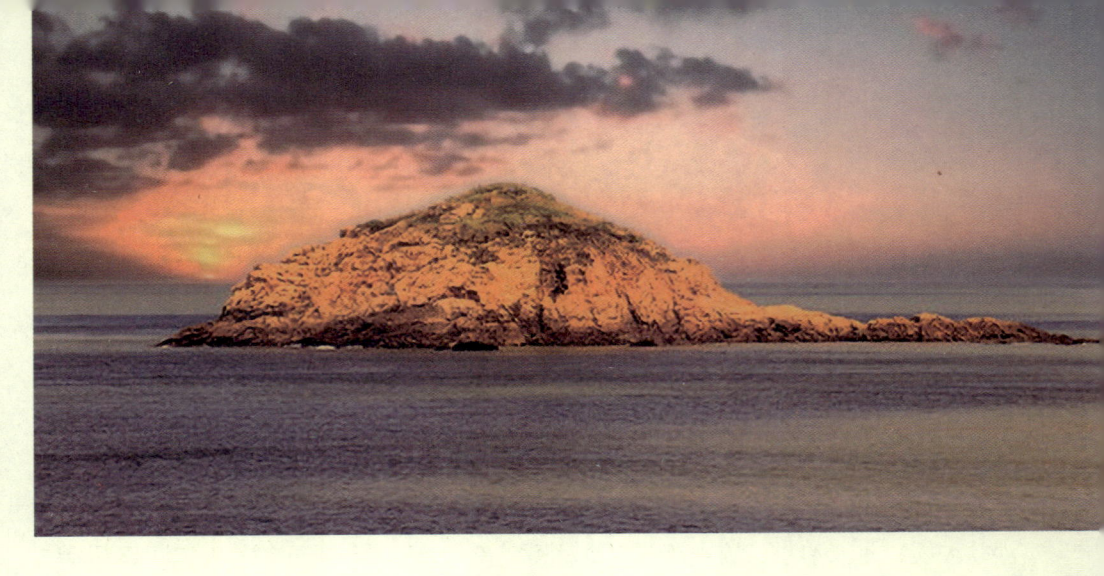

基湖沙滩是嵊泗岛上最大的一处海滨浴场。

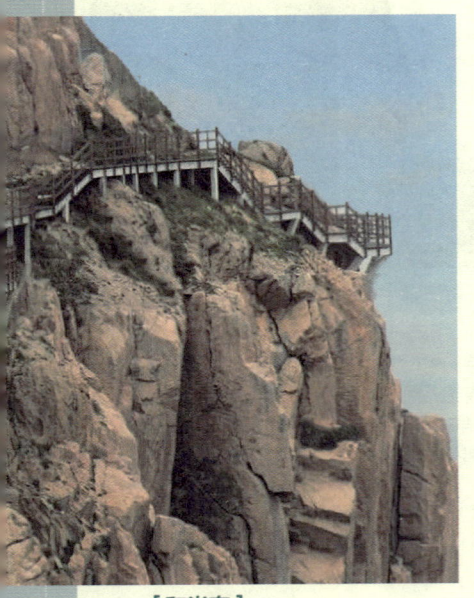

[和尚套]

位于南长涂沙滩边，据说鉴真东渡日本经过嵊泗海域时，随行的小和尚玄能不慎掉进海里后被困在这里整整30年，于是当地人称此处为和尚套。

姐妹沙滩

姐妹沙滩即是位于泗礁山北侧中部海湾的基湖沙滩和位于泗礁山南侧中部的南长涂沙滩，两处沙滩都是国内少见的大型沙滩，中间仅相隔一座虎头山岗。

基湖沙滩

基湖沙滩长2200米、宽约250米，此处水天空阔，金沙碧海，湾内有两座暗红色小屿，视觉效果极佳。在此进行海浴、沙浴、日光浴和海上运动均能使人感到舒适惬意，因此有"南方北戴河"的美誉。

南长涂沙滩

南长涂沙滩由毗连的南长涂、高场湾和石柱三处沙滩组成，滩长2750米、宽200米，滩前有小屿，沙滩内有崖石拱立成的"石门"，被称为大、小龙眼石，南长涂沙滩最著名的美景是"长涂落日"——夕阳斜照，金光斜影，波光粼粼，金沙浮屿，极具诗画意境。

泗礁山的美景数不胜数，不仅有历史悠久的大悲山、风景绝美的姐妹沙滩，还有海岸线上的奇形怪石、陡崖峻礁、石洞孤屿等，而且岛上酒店设施完善，吃喝玩乐非常方便，是一个不错的旅行目的地。

兰秀文化之乡
秀山岛

> 它是海上"三仙山"之一,景色秀丽,人杰地灵;它也是著名的兰秀文化之乡,传承了独特的舟山海洋文化;它更深得"秀"之味,给人秀气、秀美、内秀乃至灵秀之感。

秀山岛是一座悬水小岛,位于舟山本岛和岱山岛之间,距舟山本岛2.5海里,距高亭镇3海里,外围位于上海和宁波之间,距上海56海里,距宁波36海里。全岛海岸线长40千米,多礁石、沙滩、泥涂,其中沙滩面积为0.5平方千米。站在岛的中心,步行至四周的海边,平均只有2000多米,正是合适的散步距离。

海上有仙山

秀山岛是舟山群岛中的第九大岛,面积为23平方千米,但它并不是一座简单的小岛,根据东方朔在《海内十洲》中的描写:"方丈洲,在东海中心,西南东北岸正等,方丈方面各五千里……

[秀山岛海滩]
秀山岛有大小14处沙滩,其中最好的沙滩有九子、三礁、吽唬。

人一生一定要去的美丽中国海岛

[秀山岛美景1]

[九子沙滩]
据说秀山岛上的九子沙滩是整座岛上最好的沙滩，传说龙有九子，却都喜欢在秀山岛上这片如荷莲一样盛开的沙滩上嬉戏。

[秀山岛美景2]

仙家数十万，耕田种芝草，课计顷亩，如种稻状。"方丈洲所处位置正是今天的秀山岛，因此秀山岛被认为是海上"三仙山"之一的"方丈岛"。

据《山海经》中记载，海上有蓬莱、方丈、瀛洲三座仙山，景色秀丽，皆为仙人居所，并存在长生不老药，秦始皇就曾派方士出海寻访这三座仙山，求取长生不老药。

兰秀文化之乡

秀山岛曾经名为兰秀山，约在4000多年前，最早的古兰秀人从隔海相望的马岙渡江而来，从此岛上就有了人类活动、居住。公元738年始隶属于岱山，从此移民上岛的居民越来越多，到了17世纪30年代，秀山岛开始兴旺起来，1908年，此地设为兰秀乡，从此，秀山岛成了当时中日、中韩海上贸易、商业文化交流中颇有名气的"兰秀帮"所在地，而以厉氏等家族为主的

58

"兰秀帮"的旗号在当时,甚至一直到19世纪40年代在浙、沪、闽一带的海上声名显赫。曾有诗称赞当时秀山岛航运的繁荣景象:"翁洲十船九兰秀。"

兰秀文化在这里繁衍生息,成为独具特色的舟山海岛文化的一个分支,与隔海相望的千岛第一村马岙土墩古文化一起,堪称舟山海洋古文化的"双璧"。

人杰地灵,人才辈出

秀山岛虽处穷乡僻壤,却能以"兰秀文化之乡"而享誉周边,这绝不是偶然,而是必然。秀山岛自古民风淳朴,岛民虽然以航海、牧渔、煮盐、种田为生,却都以子孙有出息、能知书达理为荣,因此世代人才辈出,有清代"浙东三杰"之一的著名书画家、诗人厉骇谷;还有常州知府厉学潮、名医厉德铭、武举人厉姓晋等众多名人,即便是如今,兰秀文化依旧滋养着当地人,行走在秀山岛的田间或渔船上,常能看到一些渔民或者农民在写诗、作画、弹琴、歌舞,这便是兰秀文化经久传承的原因之一。

厉骇谷生于1804年,殁于1861年,生活在清代嘉庆和道光年间,列入《中国名人大辞典》,著有《白华山人诗抄》,并擅长书法和山水画,至今岛上还保存有他的笔墨遗迹。

兰秀文化博物馆内设厉骇谷先生纪念堂、名人书画作品陈列室、兰秀文物博物馆、"兰秀帮"海运史室、兰秀兰花展览室、根雕盆景作品展览室、兰秀"三大家族"家史室等。其中收藏了徐志康、杨建伟、倪竹青等名人手迹、书画以及明清年代木家具、盆景、根雕等200余件收藏品。

[秀山滑泥主题公园]

秀山滑泥主题公园是中国首个以泥为主题的公园,这里除了有滩涂滑泥游乐、滩涂拾贝、赶海等吸引游客参与的项目外,还有专门的指导教练和滑泥表演队。

人一生一定要去的美丽中国海岛

[秀山滑泥主题公园内的滑泥雕塑]

滑泥既是娱乐活动，也是在赶海，当你抓着活蹦乱跳的鱼虾、横行霸道的海蟹，或者捉到海瓜子、蛤蜊、蛏子、香螺等贝类时，油然而生一种与自然亲近的感觉。

> 秀山岛是有名的长寿之乡，截至2017年，这里80岁以上的老年人有510名，其中百岁老人有2名，90～100岁的老人有49名。

[长寿禅院]

秀山岛是一座远近闻名的养生岛、长寿岛，长寿禅院始建于后汉乾祐二年（949年），明朝海禁期间院舍遭荒废，明嘉靖至清乾隆年间陆续复建。整体格局恢宏大气，布局精巧细致，建筑精美。

兰山摇动秀山舞

秀山岛上山清水秀，沙滩细腻平坦，海水蔚蓝清澈，奇峰怪石林立，树木浓密葱郁，其给人的印象可以用"秀"字概括：秀气、秀美，内秀乃至灵秀。苏东坡曾因被秀山岛上的美景吸引而写下"兰山摇动秀山舞，小白桃花半吞吐"的佳句，将秀山潮水涨落、山影荡漾的生动情景描绘得淋漓尽致。

秀山岛上有中国第一个以泥为主题的秀山滑泥主题公园和具有当地传奇色彩的兰秀文化博物馆，此外，岛上还有很多景点，如海滨浴场、秀山沙滩群、九子佛屿、长寿禅院、厉族众家祠堂、厉家五大房、狮子岩等。

> 兰秀文化博物馆起源于一位老人的精湛手艺和生活情趣，是一个不输于苏州园林的博物馆。整座博物馆有老人自己动手做的家具，也有收集来的古玩和工艺品，这里的雕花大床、漆器，甚至可以称得上浙江省博物馆的民俗馆的精简版。

东方的圣托里尼
花鸟岛

图说海洋

> 这是一座人烟稀少的海岛，其形如展翅欲飞的海鸥，美丽优雅，清新壮阔，有地中海圣托里尼岛般的浪漫。

花鸟岛位于舟山群岛嵊泗列岛的最北面，岛上花草丛生，林壑秀美，又因岛形如展翅欲飞的海鸥，故得名花鸟岛。电视剧《欢乐颂2》播出后，花鸟岛作为取景地而被人们熟知。

[蓝白色的房屋]
它们像极了希腊地中海沿岸圣托里尼岛的蓝白色风格的房屋。

不可多得的旅游胜地

花鸟岛因终年云雾缭绕，又名雾岛，岛上有花鸟村和灯塔村两个村落。岛上的大部分年轻人都出去打工了，剩下老人守着自家的宅子，因此整座岛屿看起来格外的宁静，节奏格外的缓慢，没有浓厚的商业气息，保留了最原始的海岛生态环境，而且每天限制登岛人数不超过200人，虽然岛上还未被完全开发，但是在村中有服务

[花鸟岛公约]

中心、杂货铺、各类餐饮店和特产店，大大小小的民宿则分布在村里的每一个角落，这里远离了城市的灯红酒绿，游客来此可以享受舒适而不被打扰的慢生活，是一个不可多得的旅游胜地。

经历了百年风霜的灯塔

花鸟岛只有一个码头——南岙码头，船还没靠岸，就能看到蓝白色的民宿与蓝天大海相互映衬，就像去到了圣托里尼一般，远处的灯塔高昂着头远眺着来访的人们，这可不是一座普通的灯塔，它经历了百年风霜，是远东和中国沿海南北航线进入上海港的重要航行标志，更是花鸟岛的形象代言者。每当夜幕降临时，灯塔在静谧海水簇拥下，聚光灯以每分钟一周的速度旋转，整座花鸟岛的夜空在强烈光束的照耀下如同白昼一般。

星空海

花鸟岛虽然不大，但是却有大片的沙滩，沿着小岛上的码塔线，可以看到在大小海湾环抱下的一处处美丽

[花鸟山灯塔]
现在的花鸟山灯塔仍是亚洲数一数二的灯塔，射程24海里，是东海上的重要航行标志。

[花鸟山灯塔]
花鸟山灯塔共有4层，高16.5米，建成于1870年，由英国出资，从上海招来劳工建造，是当时中国海关海务科筹设灯塔计划中首批建造的灯塔之一。

的沙滩，沙滩上的沙子绵软细腻，沙滩平缓、渐入大海，蓝绿色的海水犹如一块巨大的水晶，晶莹剔透，干净得让人不忍触摸。

在花鸟岛众多沙滩中最有名的是南湾海滨浴场沙滩，这里的沙滩不仅有花鸟岛其他沙滩上类似的美景，如果运气好，夜晚在沙滩上还能看到荧光海（也被称作"蓝眼泪"），整个海面上会发出星星点点幽蓝的光，因此这里又被称为星空海。

佛手石

佛手石又叫五指石，立于花鸟岛海边的悬崖之上，远远看去，其形如佛教礼仪中单手立掌作问询状，这是花鸟岛上和花鸟岛灯塔一样的标志性景点。

佛手石所在地是花鸟岛上观日出的最佳地方，其前面有一块平坦的空地，四周毫无遮挡，本身并不太壮观，不过作为观日点却非常出名，每当第一抹雏阳爬出海面，为海面缀上一层金色的波光，整座海岛瞬间苏醒，变得生机勃勃。

花鸟岛上除了花鸟岛灯塔、星空海、佛手石之外，还有老虎洞、云雾洞、猿猴洞等景点，这里的每一处景点都使这座悬于东海的小岛更具神韵，即便是偶尔经过的一两艘帆船、小舟，都给这座岛屿增添了几笔色彩。

[码塔线]

码塔线长约5千米，弯曲盘旋，道路两侧种植了四季不同的花草树木，是连接花鸟岛全域的一条主干线，也是一条观景步道，因从上岛的南岙码头一直延伸到花鸟山灯塔而得名。

[佛手石]

人一生一定要去的美丽中国海岛

一个堪比西湖的地方
绿华岛

这里的花、鸟、山、林、壑格外优美，岛上遍布垂柳、青松和水仙花，可与西湖的景色相媲美。

绿华岛在古时候称为落华山或络华山，位于舟山群岛北部，与花鸟岛相隔3000米，分为东、西两岛，面积分别为1.15平方千米和1.39平方千米，两岛如今由一座长172米的跨海大桥连接。绿华岛因遍布垂柳、青松、水仙花，可与西湖的景色相媲美，故称"绿华"。

绿华岛上多冈峦，大小玲珑石和礁石随处可见，其中最有名的要数悬于岛东的"篷帆礁"，其形似帆船，更有"篷礁歼倭"的传说在岛上流传，是岛上的著名景点。

绿华岛的海岸曲折多弯，多礁岩，岛上除了篷帆礁之外，还有云雾洞、猿洞、穿心洞、绑猪洞、磨坑洞等，都是不错的游玩之地。

[绿华岛跨海大桥]
绿华岛跨海大桥是我国最早建在东海上的一座跨海大桥。桥长172米，宽5米，犹如一道彩虹凌空高悬于天海之间。

绿华岛上民风淳朴，空气自然清新，植物茂盛，遍布花草，景色宜人，远看像是一位正在睡眠的美人。

绿华岛有丰富的潮间带贝藻类和岛礁性鱼类，渔乡风味浓厚，是渔友和海鲜吃货的天堂，每年都有大量游客来此垂钓、捕捞和品尝当地海味，此外还可以和当地渔民一起赶海，或者亲手烹饪美味，令人回味无穷。

[篷帆礁]
由两块高20米的岩礁组成，兀然高耸，酷似疾驶的船帆，远望壮美动人。

我国最东边有人居住的岛屿
枸杞岛、嵊山岛

> 枸杞岛、嵊山岛显得格外沉静，它们不仅是我国最东边有人居住的岛屿，还是浙江省周边海域海水最蓝的地方。

很多人都认为中国最东边有人居住的岛屿是东极岛，实际上这是错误的，真正的最东边有人居住的岛屿应该是枸杞岛与嵊山岛，它们之间有桥梁连接，是舟山嵊泗列岛中最东部、最远的两座海岛，和舟山、上海都比较近，是浙江周边海域海水最蓝的海岛。

嵊山岛被誉为"东海渔场"，枸杞岛则是有名的"贻贝之乡"。

古时候就有人类居住

枸杞岛与嵊山岛在晋朝时期就有人类居住，文献中有记载的、最早的人类居住时期是元代。明朝时期，这里成了海上御倭要冲，嘉靖三十四年（1555年），俞大猷曾率水师屯泊于此。

枸杞岛居左，岛形略呈"T"形，因早年间岛上遍

[俞大猷]

俞大猷（1503—1579年），字志辅，小字逊尧，号虚江，泉州晋江（今福建泉州市）人，明代抗倭名将，军事家、武术家、诗人。嘉靖三十一年（1552年）开始与倭寇作战，人称"俞家军"，与戚继光并称为"俞龙戚虎"，扫平了为患多年的倭寇。

[三礁江大桥]

枸杞岛与嵊山岛之间由长781米的三礁江大桥相连。

生枸杞树而得名；嵊山岛居右，自古就有"诸岛至尽"的说法，因此旧时称作尽山岛，又因清朝中期，先后有一位姓陈的和一位姓钱的人，从台州和宁波来到这里后便不再离开，成了这里的"岛主"，因此嵊山岛也曾被称为"陈钱岛"。

贻贝之乡、海上牧场

在枸杞岛或嵊山岛登高俯瞰沿海的"海上牧场"，贻贝养殖网的白色浮子星星点点，布满在波澜壮阔的蔚蓝海面上，气势撼人。

贻贝曾为东海御用贡品。唐朝时，舟山嵊泗贻贝制成的贻贝干因质量上乘，被舟山官府选作进贡朝廷的御供珍品，史称"贡干"，历代不衰。如今，枸杞岛与嵊山岛由于得天独厚的环境，适宜养殖贻贝，出产品质也高，因此被称为"中国贻贝之乡""蓝海牧岛"等，有万亩贻贝养殖示范区，所以又有"海上牧场"的美名。

[枸杞岛]

[大王沙滩]
大王沙滩是枸杞岛上最大的沙滩，说是最大，其实不过200多米长，这里的海水水质在浙江、上海一带属于顶级。

[海上牧场]

爬满绿植的无人村

嵊山岛东北面的后头湾村，本来是嵊山镇居民居住的区域之一，在20世纪50年代曾是当地最富裕的渔村，被人们称为"小台湾"，后来因为后头湾村交通不便，生活区域相对局限，村民们陆续搬离这里。如今整个村庄人去楼空，废弃的老屋没有人打理，逐渐被植物吞噬，一座座高楼被爬山虎的绿叶包裹住，远远望去，好像为楼房穿上了绿衣，像极了童话里的"绿野仙踪"，因而逐渐吸引了很多的游客。

东崖绝壁

东崖绝壁位于嵊山岛的最东端，离后头湾村很近，可以坐车过去，也可以沿着一条不起眼的山路直接攀爬过去，在这里可以看到照入祖国清晨

[贻贝]

贻贝又名海虹、海夫人、青口，雅号"东海夫人"，主要有条纹贻贝、紫贻贝和厚壳贻贝，其中厚壳贻贝为上乘。淡菜是贻贝的干制品，又名壳菜。

[爬满绿植的村庄]

[岛上绝美的滨海公路]

[东崖绝壁石刻]

沿着东崖绝壁边的步行栈道，可以一直走到绝壁高处，一览蔚蓝的大海。沿路可从各个角度领略绝壁犹如刀劈斧削的神奇。

的第一缕阳光。东崖绝壁是一座高达数十米、连绵数千米的山崖，直插入海，峭壁下浪涛汹涌，惊涛拍岸的场景非常壮观，让人不禁想到老骥的《东崖绝壁赋》："……东崖绝壁，峭拔千寻。于山之角，于海之滨。惊涛拍岸，轰然作鸣。狂风呼啸，众窍发声……"

山海奇观

山海奇观是"嵊泗十景"之一，它坐西朝东，屹立在枸杞岛的五里碑峰顶上，是一座闻名于世的抗倭纪念碑。

山海奇观紧邻观音禅寺，旁边还有双峰倚天、三人

[山海奇观]

行石等景点。这块石碑外形雄伟、挺拔，远远看去，气势非凡。其正面镌刻着楷体书写的"山海奇观"4个大字，书法苍劲有力、气势磅礴，在"山海奇观"4个字下面有一段小字："大明万历庚寅春，都督侯继高统率临观把总陈九思、听用守备宋大斌、游哨把总詹斌、陈梦斗等督汛于此。"这是一座见证了抗倭历史的纪念碑，是当地有名的景点之一。

枸杞岛与嵊山岛上面朝大海的平地、山崖上嵌满了房子，景点颇多，除了碧海蓝天、绝壁礁石、绿野荒村和山海奇观之外，还有枸杞沙滩、大王沙滩、小西天、妈祖庙、虎石、蛟龙出水、岛沙碑、情人石等，非常适合游玩。

> 侯继高身为武将，但工于诗书，在任职期间，除了履行其巩固边防、防倭抗倭的职责之外，还写下了《游补陀洛迦山记》《补陀山志》《全浙兵制考》和《日本风土记》等著作。

侯继高计灭倭寇

明万历年间，国势渐衰，倭寇经常骚扰我国海疆，而朝廷剿匪收效甚微，面对狡诈猖狂的倭寇，浙江都督侯继高想了一计。

侯继高佯装携家人到南海普陀山焚香拜佛，并沿途鼓乐浩荡，倭寇信以为真，伺机在他拜佛、无暇剿匪之际在嵊泗一带海面作恶。可万万没想到，侯继高早已将剿匪官兵假扮成渔民、商人、农夫，就等倭寇出现，当倭寇出现在枸杞海域时，被官兵团团围住，一举歼灭。战后，侯继高将战船泊于枸杞港岙，来到五里碑山顶，眼见周围碧海金沙，风光旖旎，提笔写下了"山海奇观"4个大字，叫人镌刻在巨石上，为后人留下了珍贵的历史文化遗产。中华民族捍卫巍巍海疆的决心当以此石为证。

[枸杞岛、嵊山岛美景]

金庸武侠影视基地
桃花岛

在金庸的武侠名著《射雕英雄传》中，桃花岛是东邪黄药师居住的场所，《神雕侠侣》中的杨过也曾经在桃花岛短暂居住过，现实中的桃花岛也不负盛名，是一处不可多得的旅游胜地。

桃花岛位于东海之上，与"海天佛国"普陀岛、"海山雁荡"朱家尖岛隔港相望，因金庸的著作《射雕英雄传》《神雕侠侣》而闻名天下。

桃花岛的面积为41.7平方千米，属于浙江省舟山市普陀区下辖的岛屿，全岛由塔湾金沙、安期峰、大佛岩、桃花港、鹁鸪门和乌石砾滩六大景区组成。岛上

[海龟巡岸]
这是一块犹如一只大海龟在海岸边游弋的礁石。此龟神情专注，顾盼着龙珠滩，翘首伸颈，似向岸上爬行，却欲上又止，憨态逼真。

[炼珠洞]
涨落的海水将石缝里的石块磨炼成一颗颗如卵似珠、大小不一、色彩斑斓的圆石，犹如久炼出来的石珠。传说龙女用金麟宝塔镇住了东海大浪，因此惹怒了东海龙王，东海龙王惩罚龙女在此洞中炼珠，据传这些石珠是龙女炼珠时留下来的。

的风景资源丰富多样，集海、山、石、礁、岩、洞、寺、庙、庵、花、林、鸟、军事遗迹、历史纪念地、摩崖石刻和神话传说于一体，有"世外仙境"之称。

方士炼药，偶得雅名

桃花岛古称"白云山"，秦朝时，秦始皇重视长生不老，屡遣方士入海求长生不老药。此时方士安期生在日照市天台山修仙，也成了为秦始皇寻药的方士之一，《史记》中说他师从河上公习黄帝、老子之学，卖药东海边。安期生久寻仙药未果，害怕秦始皇迫害，于是南逃至海岛"白云山"隐居，修道炼丹，一日酒醉，打翻了炼丹炉，焰火泼洒四溅，山石遇到焰火，爆裂成桃花纹，斑斑点点，因此这些山石被安期生称为"桃花石"（另一说法是安期生泼墨成桃花），这座岛后来也改名为"桃花岛"（如今在山东日照也有一处桃花岛，不知道是否也和安期生炼丹有关）。

[安期生]

安期生，亦称安期、安其生。人称千岁翁，安丘先生，琅琊阜乡人。师从河上公，黄老道家哲学传人，方仙道的创始人。传说他得太丹之道、三元之法，羽化登仙，驾鹤仙游，在玄洲三玄宫被奉为"上清八真"之一，其仙位或与彭祖、四皓相等。在陶弘景的《真灵位业图》中列在第三左位，奉为"北极真人"。

大佛岩：东南沿海第一大石

桃花岛上的大佛岩是东南沿海第一大石，占地面积 6239 平方米，海拔 287 米，顶部面积百余平方米，它在阳光反射下远眺近望一样大，如今成了桃花岛的标志。

桃花岛的植被覆盖率达 75% 以上，树木花卉资源十分丰富，有"海上植物园"之称。

大佛岩中腹有一个天然岩洞，洞口上刻有"清音洞"3个字，洞中有一条石缝，宽约 10 厘米，长 20 余米，直通岩顶，有阳光射入石缝，是名副其实的"一线天"。此洞直通岩底，两端说话传声清晰可辨，故称"清音洞"。这里据说是《射雕英雄传》中黄药师藏《九阴真经》和关押老顽童的石窟。

[大佛岩]

大佛岩是桃花岛的标志，是金庸笔下《射雕英雄传》书中桃花岛岛主黄药师的主要活动场所。

自2001年起，依据金庸的《射雕英雄传》一书，大佛岩的散花湖畔建起了我国唯一的海岛影视基地：50多座依山而筑、临水而建的仿宋亭台楼阁、水榭门楼错落有致，形成临安街、黄药师山庄、归云山庄、南帝庙等景观，具有深厚的南宋建筑风格和神秘的武侠气氛。

千岛第一峰

安期峰位于桃花岛的东南部，海拔达540米，被誉为"千岛第一峰"。安期峰有南、北两条登山道，北山道随势起步，这里古树茂密、奇石林立、悬瀑飞溅、溪水潺潺、桃花繁盛、鸟语花香……

除了安期生泼墨成桃花的故事外，桃花岛还有丰富的历史典故和神话传说，如龙的传说及东海小龙女的故事。

桃花岛上还有道教、佛教和民俗文化，如以先秦隐士安期生遗迹为依托的道教文化和以圣岩寺、观音望海为中心的佛教文化。

桃花岛值得说道的地方很多

桃花岛拥有舟山第一深港——桃花港，是中国三大水仙名品之一的普陀水仙主产地和浙江名茶普陀佛茶的主产地，还有"海岛植物园"的美称，是浙江沿海林木品种最多的岛屿。

[弹指峰]
"弹指神通"是黄药师的成名绝技之一，只要用手指轻轻一弹，就能远程伤人或灭敌。在桃花岛上的桃花峪内就有一个地方叫弹指峰，据金庸书中记载，这里是黄药师练"弹指神通"的地方。

[东海神珠]
"东海神珠"是一颗经过海浪长时期冲击而磨炼成的直径80厘米的石球，石球夹在岩石之中，犹如在龙喉里吞吐翻滚，发出"隆隆"回声，形成美妙神奇的"金龙吐珠"场景。

> 桃花岛的几个第一：拥有舟山群岛第一高峰——安期峰；舟山第一深港——桃花港；东南沿海第一大石——大佛岩。

"蓝眼泪"奇观
渔山岛

这里是众多名人流连忘返的地方，还是亚洲第一钓场，海洋奇景"蓝眼泪"更让它充满奇幻色彩。

[渔山岛美景]

渔山岛位于浙江省宁波市，分南、北渔山岛，是渔山列岛的众多岛屿之一。渔山列岛有众多的岛屿和海礁，包括北渔山岛、南渔山岛、伏虎礁、高虎礁（岛）、尖虎礁、仔虎礁、平虎礁、老虎屎礁、竹桥屿、多伦礁、观音礁、坟碑礁、大白礁、小白礁、大礁等。

> 渔山岛上无沙滩，仅有一小块地方可以游泳。渔山岛适宜露营，在海边上扎营，以天为盖，听着海浪入睡，相当舒服，早上睁开眼睛就可以看到日出。

> 渔山岛是休闲、度假、海钓、游泳、野营、拾贝壳的好地方，每年的亚洲海钓节就在这里举办。

亚洲第一钓场：水至清却有鱼

渔山岛是一座没有被过度开发的岛屿，到目前为止还保持着原汁原味，礁石、海岸、海苔等到处散发着海岛的独特魅力。

[渔山岛战备山洞]

渔山岛上不止有部队，还有许多以前废弃的防空洞，最大的防空洞高度有四五米，深度可以达到几百米。

这里的海水透明度达到10米以上，有句俗语"水至清则无鱼"，但是这句俗语在渔山岛却不适用。因为在渔山岛，只要你随随便便扔个钩子到水里，不管会不会钓鱼，都会很轻松地钓到鱼；找张渔网，往里面塞点淡菜或其他杂碎，再随手扔进海里，用不了多久，便可以打捞上来一网鱼。因此，这里也被称为"亚洲第一钓场"，常年有钓鱼爱好者来此垂钓。

远东第一大灯塔

渔山岛虽然是一个列岛，不过，人们常说的渔山岛指的是北渔山岛。该岛面积不大，仅有0.5平方千米，岛屿最高峰海拔83.4米，这里是我国渔山海域南北行船的必经之道，地理位置非常重要，被誉为"远东第一大灯塔"的渔山岛灯塔就建立于此，该灯塔是该海区的主要导航设施。

[渔山岛灯塔]

北渔山岛海域的海况复杂，经常有海船失事，仅据地方志述载，清光绪九年（1883年），华轮"怀远"号、德轮"扬子"号两船在该岛附近失事，死165人。清光绪二十一年（1895年），上海海关耗银5万两，在此建立渔山岛灯塔，当时仅有塔身和灯器。第二次世界大战期间，渔山岛灯塔被日军侵占，1944年毁于战事。如今的渔山岛灯塔是1985年在原址上重建的。100多年来，渔山岛灯塔就这么默默地守望着渔山岛，看着日出日落，船来船往，如今成了渔山岛最亮丽的一道风景线。

仙人桥

环绕渔山岛步行一圈也就耗时1小时左右，即使是慢慢悠悠地闲逛，2小时也足矣。沿着渔山岛灯塔右下方的海岸线前行，不远处就是渔山岛有名的景点——仙人桥，仙人桥说是"桥"，实际上并非桥，而是一座临海悬崖绝壁在千百年海浪拍打下形成的一个巨大的岩石"门洞"，其高20多米，宽30多米，从远处看似一座凌跨于大海之上的桥。伏桥俯视，涛卷浪翻，声如雷鸣，"桥"似颤非颤，让人大有倾覆于百丈涛谷之感。

[这座小灯塔很可爱]

渔山列岛上除了渔山岛灯塔之外，还有很多灯塔，因为小岛很多，大大小小的灯塔也多，就跟陆地上的红绿灯差不多。

[仙人桥]

人一生一定要去的美丽中国岛

[五虎礁]

关于"蓝眼泪"

"蓝眼泪"是一种介形虫，当地人称为海萤。它是生活在海湾里的一种微小的浮游生物，身上会发出蓝色的荧光。海萤身体之所以会发荧光，是因为它的体内有一种叫发光腺的奇特构造物，一旦受到海浪的拍打，便会发出浅蓝色的光，十分漂亮。它是靠海水的能量生存的，但是随着海浪被冲上岸时，离开海水的"蓝眼泪"活不过 100 秒，随着能量的消失，"蓝眼泪"的光芒失去，它的生命也就结束了。

五虎礁

站在北渔山岛的东面，可以看见当地另一个有名的景点——五虎礁，其雄踞海疆，是我国领海基线之一，分别为伏虎礁（包括紧贴其身的仔虎礁）、尖虎礁、高虎礁（岛）、平虎礁、老虎屎礁，它其实是由 8 座大小不一的岛礁组成的，因角度原因，其他 3 座岛礁被遮挡了。五虎礁沉浮于渔山岛不远处的海面，在汹涌波涛之中的"五虎"更显出它们的雄健之势。

五虎礁踞守在海面之上，游客是无法登陆的，只能站在北渔山岛远观，尤其在日出的时候，晨晖染红整片大海，五虎礁则更显威武，它们犹如踩踏着鲜血一路狂奔……

可遇而不可求的"蓝眼泪"

渔山岛最值得推荐的景点不是渔山岛灯塔，也不是仙人桥和五虎礁，而是"蓝眼泪"，这个美景不是你想看就能看到的，它可遇而不可求。

"蓝眼泪"是每年的 6—7 月出现在渔山岛海面上的一种自然奇观。当黑夜降临时，海岛变得很孤独，除了海风轻声细语外，没有其他声响。一群群蓝色的神奇生物在礁石边一点点聚集，布满在海岛的海岸线上，远远看去，好像是海面上升起的蓝色雾气，幻若星光、月光、灯光、蓝光，这种奇幻的自然景观，使人有种误入另一个星球的感觉。

如意娘娘

据当地传说，古时候，渔山岛上有位生性善良的渔家女，有一天，大海卷起巨浪，她出海捕鱼的父兄和乡亲在海上不幸遇难，听闻噩耗后，渔家女奋不顾身地冲向大海，为其殉葬。村民们发现在渔家女下海的地方浮起一段木头，他们为孝女的精神所感动，也被浮木的神奇所震惊，于是将木头雕成一尊佛像，建娘娘庙世代供奉，祈求"如意娘娘"保佑渔民出海平安归来，"如意娘娘"也成了当地渔民战胜惊涛骇浪的精神力量。据说"如意娘娘"是"妈祖娘娘"的妹妹。

"如意娘娘"的信仰是由宁波、台州、温州沿海一带渔民劳作及祈求平安中逐渐产生的，如今在石浦一带的省亲、迎亲习俗，就是由信奉"如意娘娘"而催生的风俗。

["蓝眼泪"奇景]

渔山岛远离繁华陆地，没有光污染，是欣赏星星、拍星空的好地方，以夏天最佳。

[如意娘娘庙]

["如意往来"碑]

渔山岛上的"如意往来"碑由蒋介石之孙、中国台商发展协会理事长蒋孝严题词。

图说海洋

77

海鸟乐园

七星岛

《三山志》有云："七星山在崳山之东，浮立海面，如七星北拱。"这里是海鸟的乐园，也是不可多得的潜水胜地，更是休闲游玩的好去处。

福建、浙江两地对星仔列岛归属的争议历时已久。浙江方面称其为七星列岛，将它隶属于苍南县，而福建方面因福鼎近海有一个七星列岛，为防止重名将其命名为星仔列岛。

七星岛又名七星列岛、星仔列岛，由星仔岛、竖闸岛、竹篙屿岛、长屿岛、裂岩岛、鸡角礁、覆鼎礁、横礁、牛屎礁、平山礁、尾礁、南礁、猴屿、猫屿、鲎屿等7岛8屿16礁组成，因形似北斗七星排列而得名七星岛。星仔岛是七星岛的主岛。

海鸟的乐园

七星岛最高海拔约74米，属于亚热带季风气候，岛上四季分明。它拥有典型的海洋生态系统，以及丰富的潮间带生物，由于远离尘嚣，因此成了成百上千海鸟的乐园。

客船到达海岛之时，一群群海鸟被惊飞，如乌云一般黑压压的一片，在头顶上空盘旋迂回、俯冲低掠，让人心惊。这些海岛并不惧怕人类，也不在意游客的

[鲎屿]
鲎屿是星仔列岛中的一个小屿，因外形酷似有"活化石"之称的鲎而得名。

传说七仙女偷偷下凡到东海游玩，7个小姐妹手持宫灯，东游西转，不料天庭金钟玉鼓齐鸣，到了朝拜时间，赶不回去有欺君杀头之罪，大家一慌，弃下宫灯，速速回宫。

七盏宫灯落入大海，随即波涛翻滚，七座小山随波出现，这便是七星岛的传说。这真是"人间美景赛天庭，七女思凡私出游。金钟玉鼓催朝拜，惊弃宫灯化七星"。

[黑枕燕鸥和黑尾鸥]

七星岛为海鸟的繁殖地，是候鸟迁徙的重要中转站，主要繁殖的鸟类为黑尾鸥，还有少量黑枕燕鸥。

闯入，悠然自得，甚至会有漫天飞翔的海鸟为来此的游客引路。

潜水胜地

整个七星岛怪石嶙峋，处处是景，蓝天与碧海共妍，岛礁同港湾并美。星仔岛与东面另一座主岛之间有一个宽约500米的海峡，那里的海水清澈见底，能清晰地看见水中的海藻、游鱼和珊瑚礁石。潜水爱好者称："没有人能抵挡得住这清澈蔚蓝海水的诱惑，凝视海水之时，让人有一跃而下，投身这美轮美奂的海底世界的冲动，可以与马来西亚、泰国的潜水点媲美！"

此外，岛上还有天然的草场，遍布奇花异草，有夏枯草、龙葵、天青地白、何首乌等多达50多种的中草药，还有面积达0.47平方千米的相思林，构成一幅绝美的风景画。

[七星岛上的一线天]

这是由于地壳运动造成的断裂带，如今已经快被绿植吞噬，好似一个通往深渊的洞口，使之更显神秘。

[星仔列岛]

图说海洋

人一生一定要去的美丽中国海岛

海上第一石林
花岙岛

"海上仙子国,人间瀛洲城",36岙,108洞,岙岙有"景",洞洞有"仙",说的便是东海遗珠——花岙岛。

[花岙岛]

[海上石林]

花岙岛位于浙江省宁波市象山县高塘乡三门湾口东侧,从南田岛鹤浦镇有轮渡可直达,全岛面积12.62平方千米,平地占1/3,最高点鸡山海拔308.5米,居民近千人。明嘉靖时期便已设兵戍守。《方舆纪要》中更称其为:"海中十洲,此为第一。"

享誉中外的"海上第一石林"

花岙岛拥有火山岩海岸带地貌特征，闻名中外的花岙岛石林便是因火山玄武岩柱状节理在海蚀作用下形成的得天独厚的壮阔风景。这些鳞次栉比的玄武岩石柱，在涨潮之时大多隐藏于潮水之中，退潮之后便显山露水，绵延数千米，行走其中，让人有"千岩叠嶂，万珠涌动"之感，因此，花岙岛石林被游客赞誉为"海上第一石林"。

天地造化"大佛头"

花岙岛北面的丘陵山顶有一块山岩受天地造化，形似大佛端坐，又似大佛之头，这座山峰因此被称作大佛头，花岙岛也因此而得别名大佛岛。

大佛头海拔 275 米，由于周围的山较低，显得分外醒目，唐宋时期曾被当作航海标志，《浙江通志》中记载："大佛头，县南一百五十里，高出海中诸山数百丈，周一百余里，日本人入贡以此山为向导。"上面有发生庵、观景台、英灵洞、观音洞、将军岩、猿猴岩和试剑岩等。

随着游客的脚步由远而近，这座大佛头也会随着游客视角的变化而变化，显现各式各样的形象和奇特景观。

见证明清鼎革

花岙岛是东南沿海抗清据点之一，是著名民族英雄张煌言（号苍水）聚兵处，他见证了明清鼎革的历史。岛上至今还存有士兵营房和练兵场遗址。岛上虽无碑无碣，在因被风雨侵蚀而斑驳的岩石上也不见了往日的刀光剑影，却清晰而鲜明地记录了那场剧变留下的痕迹，使人依然能闻到历史的气息。

花岙岛石林中最有名的景点是"仙人锯岩"：直插云霄的摩天石柱气势雄伟，色彩明快，排列整齐，景观奇特。同时又因海浪侵蚀作用，岩柱崩塌，形成了令人惊心动魄的海蚀崖、海蚀洞、海蚀沟、海蚀柱等景观。山峰北面另有一些矮小的圆端方柱，柱顶部被海水侵蚀成不规则的海蚀穴龛，宛如一簇簇的石珊瑚。由于石柱的柱形、长短、色彩、趋向和所处的位置差异，构成一幅极其壮观的图画。

花岙岛石林的火山玄武岩柱状节理现象，属于世界上三大火山岩原生地貌之一。这种节理在整个花岙岛有几十万根之多，是世界上柱状节理数量最多、形态最丰富的地方。

[巨人之路]
花岙岛石林和爱尔兰的巨人之路非常相似，都是因岩浆冷却后龟裂而形成的。

[花岙岛美景]

[张煌言]

张煌言（1620—1664年），号苍水，浙江鄞县人。其坚持抗清达19年之久，后就义于杭州。

[大佛头]

古樟带来的"千古之谜"

离练兵场遗址不远处就是花岙长寿村，这里的人从没有得癌症的记载。在长寿村外的沙滩和滩涂中，埋藏着无数棵古樟。这些古樟有大有小，大的需数人合抱，盘根错节，专家考证后发现它们有六七千年的历史，木头外黑内红，无比坚硬，有些被村民挖出来，做成了家具，而大部分依旧在潮涨潮落间静卧。这些古樟到底是怎么出现在花岙村的，或者说这些古樟到底经历了什么巨变，至今尚无定论，成了千古之谜。

在地质景观与人文情怀的交融之中，花岙岛早已形成了以"亿年石林、万年大佛、千年古樟、百年苍水"为核心的旅游特色。除此之外，岛上还有小甲山海蚀拱桥、天作塘、清水湾砾石滩等奇特景观。花岙岛仿佛一颗东海遗珠，孤悬于东海之上，召唤着人们去探索它。

浙江鼓浪屿
大鹿岛

这里常年被绿色覆盖，犹如镶嵌在万顷碧波中的一颗绿宝石，岛上还有熠熠生辉的摩崖石刻，以及独特的人文景观，堪称旷世瑰宝。

[大鹿岛]

大鹿岛位于浙江省台州市玉环市，孤悬于烟波浩瀚的东海中，距玉环坎门港6海里，由隔水相望的大鹿山和小鹿山两岛组成，总面积1.75平方千米。相传，古时天庭神鹿因偷衔仙果撒于人间，为了躲避天庭的惩罚，在出逃时不慎坠入东海，遂成一座块状鹿形的孤岛，故名大鹿岛。

东海碧玉

大鹿岛有"东海碧玉""东海翡翠"的美称。整座岛上树木茂盛，四季常绿，有各类植物380余种，包括美国红杉、日本柳杉、法国冬青、北美鹅掌楸、阿尔巴尼亚海岸松及我国台湾地区的相思树等树种，森林覆盖率达87.6%，犹如镶嵌在万顷碧波中的一颗绿宝石。

> 大鹿岛上有一株伟岸挺拔的美国红杉，那是1972年美国总统尼克松访华时赠送给杭州植物园的美国红杉的后代。

> 1985年，中国美术学院教授洪世清为继承中国石刻艺术，只身上岛，花费14年，雕琢出岩雕近百座。

浙江鼓浪屿

大鹿岛东南两侧的海岸由于长年受海浪的侵蚀，陡崖礁滩星罗棋布，海蚀洞穴到处可见，形成了千佛龛、八仙待渡、海狮观涛、五百罗汉、将军洞、龙潭、仙人罗帐、龙游洞等 70 多处雄伟瑰丽、千姿百态的景点。岛上气候湿润，空气新鲜，冬暖夏凉，是一个休闲、度假、观光、避暑的好地方。

大鹿岛享有"浙江鼓浪屿"之美誉，1991 年由原国家林业部批准为海岛森林公园，2007 年被评为国家 4A 级旅游风景区。大鹿岛以森林为依托，以岩雕文化为灵魂，以海岛自然景观为载体，游客尽可在此吹海风、听涛声、闻鸟语、观日出、尝海鲜。

[大鹿岛石刻]
香港《美术家》杂志评价大鹿岛石刻为"世界范围内的一个令人惊异的创举"。

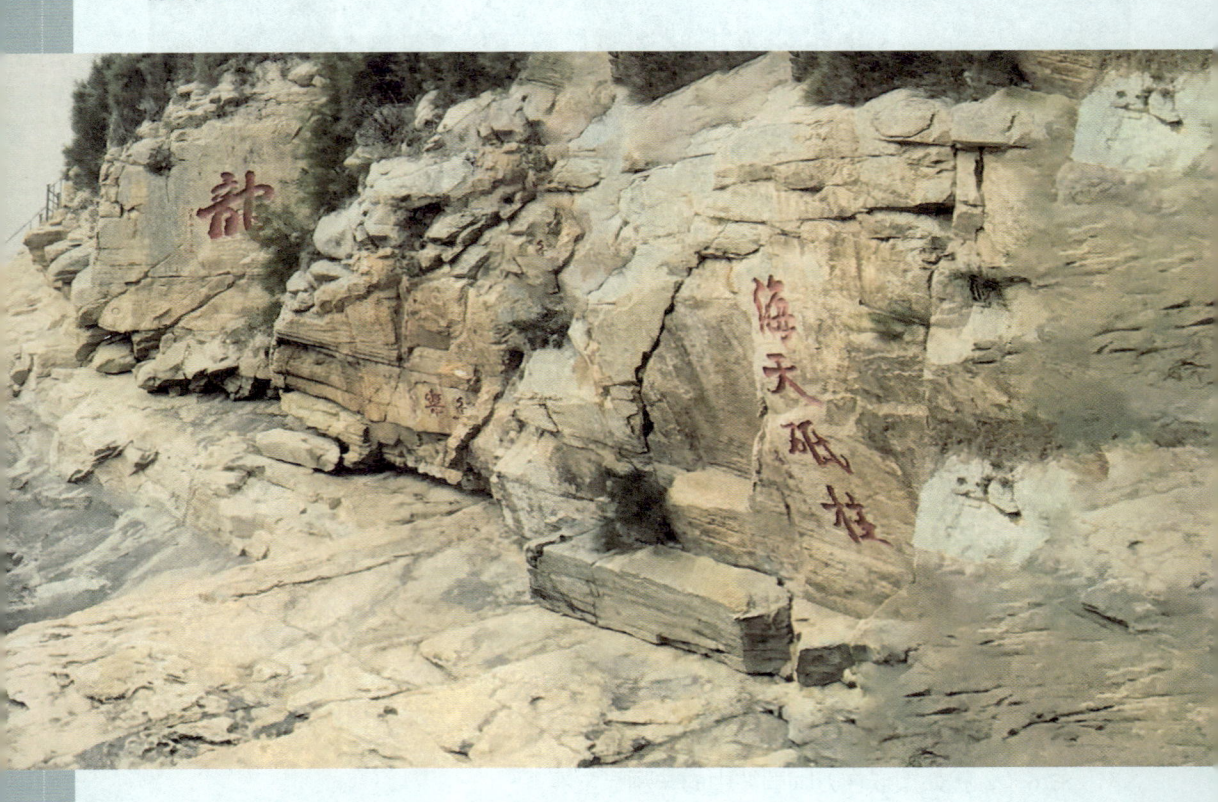

五彩斑斓的岩石
老君岛

> 这里由火山流纹岩构成，遍布五彩斑斓的岩石，由红、白、黄、绿、蓝、紫等色块和色纹组成富有神韵的天然岩画，形象独特，令人遐思。

老君岛别称老鹰岛、老君礁，位于浙江省温州市苍南县赤溪镇东，与渔寮沙滩相邻，是一座近岸小岛，面积仅0.02平方千米，最高点高程50.6米。

孙悟空打翻了炼丹炉

老君岛与大陆海岸线最近处相距约500米，其中2/3为五彩礁石，该五彩礁石结构镂空，似园林中常常使用的太湖石，具有极高的欣赏价值。相传，孙悟空打翻了太上老君的炼丹炉后，炉水洒落在海里形成此岛，而且岛上还真有一座大圣庙。

太上老君的"照妖镜"

老君岛东侧有块直径4米的巨石，呈石榴状，黄白相间的底色上奇异地镶嵌着红色流纹，传说这是太上老君的"照妖镜"所化，特地留在岛上降

[老君岛]
当地人将老君岛称为老鹰岛，因其从某一个角度看特别像一只收拢翅膀休息的雄鹰。

[大圣庙]

[五彩礁石]

伏海魔，保护渔民出海平安。

老君岛上有许多天然石洞、石窟，怪石嶙峋，让人回味无穷，还有老君下凡、八仙过海、神猴拜观音、老君垄、湖井龙潭通老君等美丽动听的传说。

[奇石镜]

一幅幅天然岩画酷似甲骨文，又像东巴符号和玛雅人的文字。

[太上老君的"照妖镜"]

东海仙境
海坛岛

这里的海蚀地貌十分典型，有罕见的花岗岩海蚀柱、风动石和球状风化花岗岩等，被誉为"海岛明珠"。

海坛岛是中国第五大岛、福建省第一大岛，位于福建省平潭县境内，是全国重点风景名胜区之一。

形似坛而得名

平潭县有大、小岛屿126座，常年有人定居的岛屿有9座。海坛岛是平潭县的主岛，以形似坛而得名，其南北长29千米，东西宽19千米，面积为274.3平方千米，占平潭县总面积的72%。全岛海岸线蜿蜒曲折，长达408千米，其中100多千米为优质海滩。

整座海坛岛由一条长200千米的环岛路环绕，沿途有许多名胜古迹，如三十六脚湖、石牌洋礁、仙人井、壳丘头遗址以及坛南湾海滨浴场等。在海坛岛不管是自

[壳丘头遗址出土的史前陶祖]

壳丘头遗址位于平潭县平原镇南垄村东北。该遗址为贝壳堆积，出土有打制石器、磨光石斧、石骨镞、骨匕、陶纺轮、陶支脚和大量兽骨，1991年列为福建省省级文物保护单位。

[平潭海峡公铁跨海大桥]

平潭海峡公铁跨海大桥经福州市长乐区，跨越海坛海峡至海坛岛，是中国首座跨海公铁两用桥、世界最长跨海公铁两用大桥。

驾、骑行或者徒步，都会有让人惊奇的收获。

东海仙境

东海仙境位于平潭县城东北17千米处的流水镇东海村的王爷山南麓，由仙人井、仙人洞、仙人谷、仙人峰、仙人柱、仙人台、仙人泉、王爷嶂谷、金观音和牡蛎礁等景点组成。其中最有名的景点是仙人井，它是一处直径近50米、深40多米的天然海蚀竖井，井壁陡直，井底有3个小洞与大海相通。

仙人井有步道可徒步登到山顶，在满目翠绿的映衬下，湛蓝的天空、蔚蓝的海水、壮观的海蚀岩组成一幅格外和谐的画面。

三十六脚湖

海坛岛四周都是海水，苦涩不能饮用，唯三十六脚湖里的水为淡水。三十六脚湖是由于地壳的运动，加上海沙堆积而成的，总面积为210万平方米，蓄水量为1290万立方米，最大水深16米，湖岸的海蚀山石裂

[平潭环岛路]
平潭环岛路总长大约200千米，比厦门环岛路长3倍，基本环绕整个平潭，环岛路有机动车道、非机动车道和人行道、沿途有大量路标指向不同的景点。

[三十六脚湖]
史载，早在唐代，这里就已经是朝廷牧马的地方。据说这里的马多是名贵的"龙种"，因此"三十六脚湖"的"龙马"名闻天下。

[仙人井]

仙人井属于典型的海蚀地貌，形如巨井，呈圆筒状，从山上的"井口"望下去蔚为壮观。

[仙人谷]

"仙人井"旁有一个似山中间裂开的大峡谷，叫作"仙人谷"。

缝，使湖水看上去就像有36只脚向湖岸延伸，因此得名"三十六脚湖"。

这里湖、海、山、林交相辉映，岩、礁、碑、屿穿插交错，湖平如镜，秀色可餐，景色绮丽，被誉为"海岛明珠"，是海坛岛著名的风景区之一。

海坛岛的西北有屿头岛、鼓屿、小练岛、大练岛；东北有小庠岛、东庠岛；南部有塘屿、草屿。

石牌洋

在海坛岛西北看澳村西侧500多米的海面上，有一高一低两根碑形海蚀柱，立在一块巨大的圆盘状礁石上，远远望去，就像一艘鼓起双帆、乘风破浪的大船。这是岛上最著名的自然景观——石牌洋，又称为"半洋石帆""双帆石"。登上礁面，如履巨轮甲板，海浪在身前拍击，让人惊心动魄。

平潭北、东、南面的长江澳、海坛湾、坛南湾三大海滨沙滩的沙质细白，海水清澈湛蓝，而且面积大，相互连接，背后有葱郁的防护林带。

[坛南湾]

坛南湾距离古城不到3千米。坛南湾的海水清澈，沙滩细软干净，游客不是很多，是当地比较有名的海湾。

人一生一定要去的美丽中国海岛

[石牌洋]

明代旅行家陈第将石牌洋誉为"天下奇观"，清朝女诗人林淑贞则赋诗《石帆绝句》："共说前朝帝子舟，双帆偶趁此句留。料因浊世风波险，一泊于今缆不收。"

[将军山]

将军山不是一个特别有名的景点，但是非常值得前往，将军山原名老虎山，为纪念1996年初春三军联合演习期间100多名将军登山观战之盛况而更改山名。

石牌洋的传说

据民间传说，古时皇帝昏庸，朝廷腐败，而海坛岛上有一个哑童关心百姓疾苦，这一切被蓬莱大仙看在眼里，于是，他送给哑童三张可任意剪裁成形的仙纸。哑童将纸剪成兵马等，要时成真，更神奇的是哑童竟然能开口说话了，他调兵遣将，筹划部署起兵大事，俨然帝王风度。但因其嫂没有按哑童吩咐准备，导致坐失良机，朝廷大队兵马包围了海坛岛，哑童见大势已去，便将石臼、石锤、簸箕等扔进大海，化为舟帆搭乘而去。后遇风暴，舟沉后双帆化作二石并立于海坛岛海域。

根据《福州府志》《平潭县志》记载，宋端宗赵昰在逃避元兵追杀中，曾在石牌洋附近"驻跸"。

石牌洋是一对由匀质粗粒白色花岗岩构成的海蚀柱，是全国最大的花岗岩海蚀柱。

此外，在石牌洋对岸的看澳海滩上，还有60余处形态各异的海蚀石景，有青蛙仰天、鲤鱼山、弥勒佛、双龟拱桥等，与石牌洋隔海呼应，成为海坛岛最具特色的海上绝景。

沿着海坛岛宽敞整洁的环岛路，古色古香的石头厝、奔腾不息的大海、洁白松软的沙滩都带给人们美好的体验。逛完三十六脚湖、石牌洋、仙人井等风景之后，可前往海坛古城，感受闽南文化、客家文化。

[海坛古城]

海坛古城里不仅有闽台小吃、庙会小吃，更有五星级酒店与传统四合院客栈，还有特色旅游商品街、古城独具特色的综艺表演、大型人文主题公园、妈祖庙、文庙、城隍庙、衙门、镖局和湖广会馆等各类休闲游乐设施，无不让人流连忘返。

海蚀地貌博物馆
塘屿岛

这里没有汽车，一派安详的气氛，有美丽的金沙滩、神秘的"蓝眼泪"和微妙的"海坛天神"，吸引了全国各地驴友蜂拥而至。

塘屿岛位于福建省平潭县南端，以优质的海滨沙滩和奇特的海蚀地貌而闻名，被专家誉为"海蚀地貌博物馆"。

一南一北两个村庄

平潭县芬尾码头每天只有上、下午各一趟轮渡去往塘屿岛，虽然交通不是很便捷，但是游客却是非常多。在塘屿岛的码头上，常常挤满了等客的三轮摩托车。

塘屿岛呈扁长形，南北走向，一南一北分布两个村庄，分别是北端的北楼村和南端的中南村，村内的房屋大都是由岛上的岩石砌成的小楼，两个村约有4000名渔民。

20世纪八九十年代，这里曾经开放闽台贸易，许多台商以塘屿岛为中转地，收购大陆鱼货运往我国台湾地区，曾繁华一时。

金沙滩

从塘屿岛北端的码头一路南下，穿越北楼村和中南村，在小岛的最南边有一处月牙形、避风港式的天然沙滩——金沙滩，这里的海水非常清澈，水流平缓，向大海中延伸1000多米，非常适合游泳。在沙滩不远处还

[祖国大陆距离台湾岛最近的地方]

在平潭，队了猴研岛外，塘屿岛上也有一块石碑，说自己是离台湾岛最近的地方，不知道哪家是李逵，哪家是李鬼，也或许都是真实的数据。

人一生一定要去的美丽中国海岛

[金沙滩]

有适合冲浪的地方，海浪只有30～50厘米高，被各地冲浪爱好者喜欢，在此冲浪既能享受刺激，又很安全。

海坛天神

在金沙滩不远处还有两个海湾，如果幸运的话，还能看到"蓝眼泪"。在海湾之间有沙滩一直通往当地有名的、也是塘屿岛最值得欣赏的景点——海坛天神，它是一块巨型灰白色的花岗岩，是一个天然的象形石人。海坛天神身长330米，头枕沙滩，足伸南海，身旁双手平直，头部、耳朵、喉结逼真，挺胸凸肚，体态惟妙惟肖，令人叹绝。如此巨型、纯天然并由海风和海水侵蚀的"佳作"，世所罕见。

[海边岩石上的民宿]
塘屿岛的沙滩、岩石上有很多这样的民宿，屋子被油漆粉刷成各种颜色，看起来非常可爱，也非常上镜。

除了"海坛天神"之外，塘屿岛还有船帆石、锣鼓石、得炉石、木鱼石、八仙围棋石等海蚀石景，雄奇险峻的峭壁礁岩与连绵无际的海滨沙滩巧妙地组合在一起，实在是难得一见的天然海滨浴场。在沙滩上运动、拾贝、滑沙、淋浴、垂钓，独有一番回归大自然的情趣，给人一种身处世外桃源、海外仙岛的感受。

[石刻"神游万古"]
海坛天神头部的那块巨石上面有朱以撒先生题写的"神游万古"四字，苍劲有力。

[海坛天神]
海坛天神长330米，体宽150米，胸高36米，头宽35米，头高31米，脖子长18.3米。

一个备受电影导演青睐的地方
东山岛

> 东山岛上的桥是蓝色的，房子是彩色的，海是绿色的。这个偏僻、雅致的地方，不经意间就会把天空和大海的颜色都融进日子里，透出浪漫的气息，让人体会到电影《左耳》中"左耳听蜜语，右耳听海"的意境。

东山岛是一座遗世独立的小岛，其位于福建省漳州市，介于厦门市和汕头市之间，是福建省第二大岛，中国七大天然岛屿之一，面积超过220平方千米，全岛的海岸线长达141.3千米。它由43座小岛组成，主岛形似蝴蝶，因此也称为蝶岛，以深厚的文化底蕴、旖旎的海岛风光、四季宜人的气候而成为国际知名的度假海岛。

东山岛被誉为"海峡西岸旅游岛"，有众多迷人的景点，如金銮湾的镜面沙滩、马銮湾的天然海滨浴场、南门湾的彩色房子等。

> 东山岛属于亚热带海洋性气候地区，1月平均温度为13.1℃，7月平均温度为27.3℃，年平均气温为20.8℃，终年无霜冻。

[鱼骨沙洲]

鱼骨沙洲是东山岛上的网红打卡之地，是一处像鱼骨形状的沙滩，很少有游客到达。其神奇之处在于退潮时会出现，涨潮时则被淹没在茫茫大海之中。

人一生一定要去的美丽中国海岛

苏峰山

苏峰山海拔274.3米，方圆十余千米，是东山岛的主峰，踞海雄峙于东山岛东部，为东山岛外八景之一，雅称"苏柱擎天"，《读史方舆纪要》中记载："苏峰山亦名东山。"东山岛即因此山而得名。因苏峰山别称川陵山，故东山岛亦称陵岛。

[苏峰山环海（岛）公路]
苏峰山环海（岛）公路上建有多处停车观景点，可以一览众海湾美景，有些地方还有上山、下山的栈道或小径。

苏峰山有99峰、18胜景，奇峰异洞比比皆是，沿着苏峰山有一条环海（岛）公路，沿途除了有奇峰异洞之外，还有众多海滩和海湾，让人有"乱花渐欲迷人眼"的感觉，是一条可以一边骑行、一边欣赏海岛美景的路线。

《东山县志》载："昔江夏侯以此山不减西蜀峨眉山，故名苏峰山。"蔡潮于明嘉靖五年（1526年）到东山，《铜山志》载："巡海道蔡潮称此山为漳郡第一文峰。"

铜陵镇：一城、一石、一庙

东山岛上人口最多的两个镇为西埔和铜陵，西埔是现在的县城，铜陵是20世纪50年代前的县城，在古时，

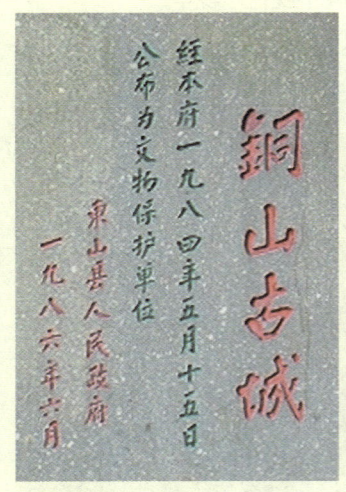

[铜山古城]
铜山古城因邻近铜钵、东山两个村庄，故各取一字命名。

[铜山古城城墙]

94

铜陵是东山岛的中心。铜陵镇是一座具有600多年历史的文化古城,文物古迹众多,素有"海滨邹鲁"之称,其最值得推介的是一城、一石、一庙。

铜山古城: 铜山古城是铜陵镇最著名的景点,距漳州市区158千米,距苏峰山不远,古城东、南、北三面临海,明洪武二十年(1387年),朝廷为抵御倭寇,在铜山沿海用花岗石砌成一座城池,其长1903米,城墙高7米,东、西、南、北各有一座城门,西南处建有城楼。古城建成后便成为当地抵御倭寇的堡垒。如今古城虽已千疮百孔,但却是东山岛著名景点,以丰富的历史底蕴和谜一样的故事令人神往。

东山风动石: 沿着铜山古城东门海岸边的木栈道前行,海滨石崖上有一处东山岛人民最引以为荣、视如珍宝的自然奇观,也是游客喜爱的美景之一——东山风动石。

东山风动石重约200吨,依山临海,气势雄伟,神奇无比,以奇、险、悬而居全国60多块风动石之首,被载入《中国地理之最》,被古代文人誉为"天下第一奇石",其正面还题刻着毛泽东的词句"风景这边独好"6个大字,成为一处绝佳的风景,是东山岛的标志性景观。

铜山古城东门外海滨有一个天然石洞,传有虎踞,故号"虎崆"。石洞长15米,宽约5米,有甘美的清泉,大旱不干,壁上镌"灵液"石匾,称"虎崆滴玉"。古城最高处九仙顶有"人世仙境""海天一色""宦海恩波""三岛春秋"等摩崖题刻20多处。一块刻有"瑶台仙峤"的巨石是当年戚继光、郑成功的水操台。

明嘉靖二十二年(1543年),戚继光在铜山古城全歼倭寇;崇祯六年(1633年),巡按路振飞、大帅徐一鸣曾在铜山海面两次击败荷兰东印度公司舰队;隆武二年(1646年),郑成功以铜山为抗清根据地之一,训练水师,收复台湾;清康熙二十二年(1683年),福建水师提督施琅从铜山港和宫前港起航东征,统一台湾。

[风动石]

风动石的奇妙之处在于它前后左右重量平衡极佳,大风吹来时,石体左右晃动,但倾斜到一定角度就不会再动了,故称风动石。

风动石早在明代张岱的《夜航船·荒唐部》里就有记载:"漳州鹤鸣山上,有石高五丈,围一十八丈,天生大盘石阁之,风来则动,名风动石。"

人一生一定要去的美丽中国海岛

[铜陵关帝庙]

铜陵关帝庙与山西运城关帝庙、河南洛阳关帝庙、湖北当阳关帝庙并称"中国四大关帝庙",是我国台湾地区众多关帝庙的香缘祖庙,与它们有深厚的历史渊源。

铜陵关帝庙:铜陵关帝庙又名武庙,位于铜陵镇东边的岵嵝山下,始建于明洪武二十二年(1389年),明正德三年(1508年)扩建,至1512年始建成纵袤40米、横广17米的宫殿式大庙。后来几经扩建、焚毁、重修,终成现在的规模,其依山临海,气势巍然,融建筑、石雕、剪瓷雕和木刻等于一体,且已达到炉火纯青的地步,数百年来,铜陵关帝庙历经无数次的地震和台风的侵袭都安然无恙,令许多中外的建筑专家赞叹不已。

铜陵关帝庙是一座闻名海内外的庙宇,是我国台湾地区470多座关帝庙的香缘祖庙,关帝文化是闽台文化交流的重要纽带之一。据说,当年郑成功在率军收复台湾前,就曾至铜陵关帝庙问签。数百年来,闽南沿海渔民,尤其是东山岛百姓,更是把关帝视为他们的保护神。一年四季,前来朝圣的香客络绎不绝。

金銮湾:不可多得的打卡之地

从苏峰山上看下去的海湾就是金銮湾,其呈"匚"形,沿海沙滩长5000米,宽60~100米,面积约为14平方千米。金銮湾滩长坡缓、沙细质软,海面上无礁石、无污染,是一片纯正的蔚蓝色,一直向天边伸展。

[铜陵关帝庙石雕]

[金銮湾]

金銮湾是不允许游泳的，有禁止游泳的标志。

金銮湾如今还相对比较原始，未被开发，可以直接自驾进入沙滩，或者乘坐摩的到达沙滩，在沙滩上搭起帐篷，享受日落或者日出的那份安静；也可以约三五好友在海边烧烤小聚，拿出相机或者手机，随便拍摄，便可拍出唯美的照片。

金銮湾是一个小众景点，但却是东山岛上一个不可多得的打卡之地。

> 南门湾的沙子比较粗糙，到海边玩耍时建议穿上鞋，不然脚容易受伤，这里的海水很深，禁止游泳。

马銮湾：福建海滨度假胜地

乌礁湾、东沈湾和马銮湾离金銮湾不远，它们环绕着美丽的东山岛，各具特色，这些海湾的沙滩上的沙子细软如棉花，都以自然美著称，而其中最知名的要数马銮湾。

马銮湾距铜陵镇 2000 米，传说落荒南逃的南宋末代皇帝赵昺经过此地，当地村民获知后，拦马挡道，乞求钦赐村名，故名"拦马"，又改"马拦"，最后定"马銮"，而村边的海湾也因此被称作马銮湾。

马銮湾呈月牙形，是东山岛上最早开发的景区之一，设施很齐全，景区整体呈海蓝、白、绿等颜色，还有若隐若现的红墙绿瓦。这里有海上运动俱乐部，不用担心暗礁、鲨鱼风险，游客在享受阳光、沙滩之际，还可以

[马銮湾]

领略一下帆板、冲浪运动的刺激，如今已成为闽南著名的会议中心和福建海滨度假胜地。

南门湾：整个海湾透出文艺气息

从东山岛风动石景区可以直接沿着海边公路到达南门湾，公路边的建筑都被涂上了各种颜色，映衬着旁边的海水，接近南门湾后，海水的颜色也由浅蓝慢慢变为深蓝，让人觉得很干净，使整个海湾透出一股文艺气息。

南门湾是电影《左耳》的取景地之一，有一条街道往里走，是个传统、宁静的渔港小镇。湾内布满了马卡龙色的民宿，非常适合慢节奏的旅行，也因《左耳》的热映，使南门湾成了东山岛最热门的景点，人们冲着影片中许弋和黎吧啦的约会地以及小耳朵哭喊的那个海滩而来，寻找电影中的那种独特的意境。

[南门湾彩色的房屋]

盛名在外

东山岛没有过多现代化的痕迹，只有浓郁的生活气息，因为"素面朝天"，获得过"中国最美海岛"的美誉。东山岛的海水很清澈，天空很蓝，海天一色，拥有天然的游泳池和各种海蚀奇观，除了吸引了电影《左耳》的拍摄组，还是《八仙过海》《西游记》《我是谁的宝贝》《我们来了》第二季东山岛站等影视娱乐作品的拍摄地，不仅如此，东山岛还曾获得"中国优秀旅游县""福建省最佳旅游目的地""福建省十大旅游品牌""十大滨海旅游精品""福建十大美丽海岛"等荣誉。

渔民的安居乐土
古雷半岛

这片海完全没有杂质，蓝得好像飘在空中，搭配着灰白色的礁石，与天空融合得恰到好处，让游客有种承包了整片海的错觉。

[古雷港口的妈祖庙]

古雷半岛位于福建省漳州市漳浦县南端，其东面是台湾海峡，西面是东山岛，南面是太平洋。

潮音时至，声如鼓雷

古雷半岛呈东北—西南走向，以条带状向大海延伸，长20多千米，宽3～4千米（最窄处仅300米），面积40平方千米。它曾是一座人迹罕至的近岸孤岛，由于泥沙淤积，成为陆连岛（半岛）。全岛由古雷头山、古雷山（包括笔架山、庞尖山）及周围的沙滩组成。古雷山原作鼓雷山，以"潮音时至，声如鼓雷"得名。其名字来源还有另外一种说法，据说古雷山高耸海滨，形状如螺，故称高螺，雅称为"古雷"。

明天启二年（1622年），荷兰殖民者窃据我国台湾、澎湖，派出舰艇出没于海澄、漳浦两县沿海的浯屿、白坑、莆头（将军澳）、古雷、洪屿、甲洲、沙州等地，明朝官兵无力抵御。

明崇祯六年（1633年）九月，荷兰殖民者的武装商船勾结闽海武装走私团伙，连日在沿海扰乱。初六日傍晚，守将傅元功领官兵至古雷，见荷兰船靠岸，即令朱昆等带领冲锋兵30余名放铳喊杀，荷兰武装商船慌乱而逃，跳下海者被官兵杀死无数，被擒30余人。隔日天明，荷兰殖民者以小艇四面包围官兵，铳弹如雨，朱昆膝部中伤，傅元功中弹阵亡，官兵死伤甚多，所获俘虏尽被夺回。

人一生一定要去的美丽中国海岛

[古雷海滩]
海滩上几乎没有游客，是一个能让自己独享整片海的地方。

明朝时，古雷巡检司只有30多名士兵，仅能防御小股盗贼。明万历二十五年（1597年）海寇无齿老犯古雷，古雷巡检司无力抵御，后由铜山（东山）把总张万纪将其击败。

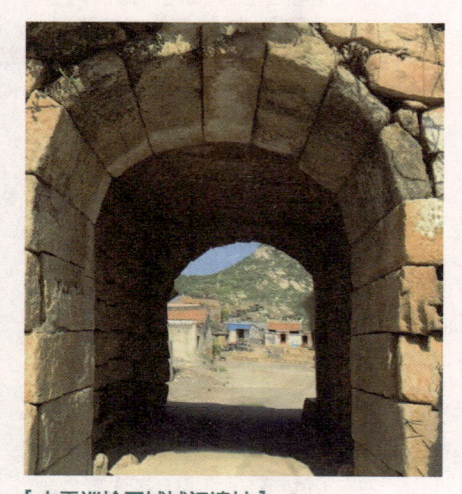

[古雷巡检司城城门遗址]
巡检司是当时县级衙门底下的基层组织。

古雷城——曾经的弃土

为了抵御猖狂的海寇，明朝正德年间，朝廷调驻了一个巡检司于古雷，并在古雷南端笔架山南麓建巡检司城。

明末清初，郑成功以古雷和铜山等地为抗清根据地。后来，郑成功驱逐荷兰殖民者，收复台湾，但大陆为清军所控制，实行"迁界"，将沿海划为"弃土"，居民内迁，建筑物尽毁，古雷属"界外弃土"，因此巡检司城被毁，只存残迹。

清康熙十八年（1679年），沿海"复界"以后，古雷城才在巡检司城残迹上重新修建，包括著名的妈祖庙、杏仔开漳圣王庙等景点，也就是我们如今能看到的古城面貌。

古雷半岛原是一处渔民的安居乐土，如今因为拥有丰富的旅游资源，渐渐成为旅游热点，人们来此除了能感受淳朴的闽南风情之外，还能欣赏到如仙境般的海景。

风景如画，人间奇迹
莱屿列岛

> 莱屿列岛如同万顷碧波中隐现的一群仙山，如此风景如画的人间天堂，是大自然鬼斧神工的杰作，也是它给予人类最好的礼物。

莱屿列岛位于台湾海峡西南部的福建漳州市漳浦县南端、古雷半岛东侧，距海岸2千米～8千米，群岛林立，宛如"海上仙山，人间蓬莱"，列岛名称来自群岛中部的莱屿与小莱屿。

曾作为荷兰人的活动据点

在明朝天启年间，占据雅加达的荷兰殖民者在派出舰队占据我国澎湖列岛和台湾岛后，又派舰艇在闽南古雷半岛东侧的海域活动，亦商亦盗，并以舰队司令科内利斯·雷尔生的名字命名海中的岛群，成为其活动据点之一，科内利斯·雷尔生这个名字在闽南话中的译音为"礼氏"，这个岛群便被称为"礼氏列岛"，这个名称一直沿用到民国时期，直到中华人民共和国成立后才得以正名为莱屿列岛。

[莱屿列岛奇石：魔域之城]

大自然的鬼斧神工

莱屿列岛由沙洲岛、红屿岛、小莱屿、横屿、礼屿、青草屿、东赤、西赤、青岩、巴流岛和飞鱼岩等23座岛屿组成，其中人口最多的是沙洲岛，面积最大的是红屿岛。

[被奇石包围的妈祖庙]

[红屿岛风动石]

沙洲岛距离古雷半岛最近，因其西南有大片的洁白细沙而得名，其海滨有造型奇特的石景群，山上有一座始建于明代的妈祖庙。

莱屿列岛中面积最大的是红屿岛，全岛布满因几百万年来被海风和波涛侵蚀而风化形成的纹迹形态各异、错落有序的红色花岗岩。岛上树木繁盛，怪石嶙峋，远远望去，犹如飘浮在青云之上的蓬莱海上仙山，因此被称为"世外之岛""风情之岛"。

莱屿列岛的每座岛屿都各有特色，在海浪、海风长年累月的侵蚀下，形成了崖壁、洞穴、怪石、石蛋、石林和石笋等景观。这是大自然的鬼斧神

> 巴流岛宛如一座人间仙岛，也是莱屿列岛海拔最高的岛屿。

工，在波涛汹涌之间，海天一色，行船其中，一望无际，能使人与大自然充分融合在一起，感受到陆地上无法获得的惬意。

[窃蛋龙风动石]

红屿岛上有十多个大大小小的风动石群。红屿岛风动石是花岗岩石蛋地貌的一种特殊类型，因石蛋的根部与基座的接触面积很小，给人一种大风吹来摇摇欲坠的感觉。在众多的风动石中，较为引人注目的是一块腰鼓形风动石，似倒非倒，它与最大的窃蛋龙风动石相伴，屹立于碧海蓝天之中，令人惊叹不已。

[莱屿列岛奇石：神龟驮蛋]

传说有一只海龟，想把龙蛋驮去大海，却因为龙蛋太重而无法前行，于是和龙蛋一起石化成当地的风景。

[莱屿列岛奇石：渔网石]

有许多野生动物在莱屿列岛上繁衍生息，小海蟹、小贻贝更是随处可见。

[黄嘴白鹭]

2004年，厦门观鸟会在莱屿列岛发现了濒危鸟类黄嘴白鹭的繁殖地，这是中国纬度最南的黄嘴白鹭的繁殖地。目前，其全球种群数量不超过2500只。

人一生一定要去的美丽中国海岛

海上花园
鼓浪屿

鼓浪屿很美，各种历史建筑矗立于岛屿之上，层层叠叠，与碧海蓝天相辉映，让小岛更像一位气质美人。

[鼓浪屿路标]

鼓浪屿在宋、元时期曾繁华过，明朝时期受海寇袭扰，朝廷颁发禁海令，鼓浪屿逐渐衰落，直到清朝时期，禁海令解除之后，鼓浪屿又逐渐繁荣了起来。

[鼓浪屿内厝澳码头]

想去鼓浪屿的话，唯一的交通方式是坐船，从厦门这边的厦鼓码头坐到对岸的三丘田码头或内厝澳码头。

鼓浪屿的面积为 1.88 平方千米，位于厦门岛西南隅，与厦门半岛隔 600 米宽的鹭江，轮渡四五分钟即可到达。

素有"海上花园"之誉

鼓浪屿是厦门最大的一座卫星岛，岛上岩石峥嵘，挺拔雄秀，因长年受海浪扑打，形成了许多幽谷和峭崖，沙滩、礁石、峭壁、岩峰相映成趣。

鼓浪屿无车马喧嚣，四季如春，气候宜人；街道短小，纵横交错，清洁幽静；树木苍翠，繁花似锦，鸟语花香；小楼红瓦与绿树相映，素有"海上花园"之誉。

因"鼓浪石"而得名

早在 3000 多年前的新石器时代，鼓浪屿就有人类居住，因其四周的轮廓接近圆形，因此宋、元时期，民间称其为"圆沙洲""圆洲仔"。在岛屿的西南海滩上有一块 2 米多高的礁石，每当潮涌、浪击时，礁石中的洞穴会发出擂鼓声，被称为"鼓浪石"，明朝时，此

[鼓浪屿钢琴博物馆]

鼓浪屿音乐人才辈出，蜚声中外乐坛的有钢琴家殷承宗、许斐星、许斐平、许兴艾等。据说，以前上岛居住的人必须要会弹钢琴。

> 鼓浪屿钢琴博物馆内每半小时会有用专门的钢琴进行的即兴演出，值得一听。

> 菽庄花园匾是林尔嘉花了1万银元的"润笔"费，请当时的"大总统"徐世昌题写的。

鼓浪屿钢琴博物馆

菽庄花园内有一个鼓浪屿钢琴博物馆，这在中国是独一无二的。该博物馆内收藏了鼓浪屿旅澳收藏家胡友义先生毕生收藏的30台世界著名古钢琴，其中包括19世纪上半叶美国制造的"士坦威"钢琴、奥地利的"博森多福"钢琴、德国皇室专用的皇家钢琴、稀世珍品镏金钢琴、世界最早的四角钢琴、最大的立式钢琴、最老的手摇钢琴、脚踏自动演奏钢琴、八个踏脚四套琴弦钢琴等，使鼓浪屿因此赢得了"钢琴之岛"的美誉。

[四十四桥]

由白色花岗石砌筑的四十四桥蜿蜒起伏，犹如龙蛇，将人造景观和自然景色融为一体，甚为奇妙。

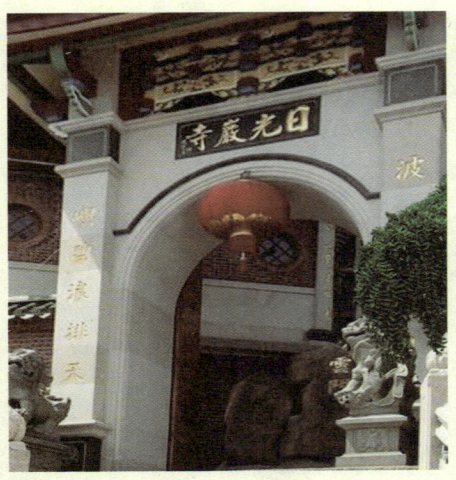

人一生一定要去的美丽中国海岛

[日光岩寺]
日光岩寺是厦门四大名庵之一,有400多年的历史,这里原本是一个山洞,后以巨石为顶,依山而建了一座寺庙,寺庙周围没有围墙。弘一法师曾在此居住过,并留下墨宝。

[郑成功纪念馆]
郑成功纪念馆位于日光岩,建于1962年2月1日,郑成功收复台湾300周年纪念日的时候剪彩开馆。馆址为郑成功屯兵扎营和指挥水师操练的地方,至今存有水操台、寨门等遗址和大量名人题刻。

菽庄花园

"园在海上,海在园中",菽庄花园既有江南庭院的精巧雅致,也有海涛汹涌的雄浑壮观,动静相宜,相得益彰。

中日甲午战争(1894年)后,清廷被迫签订了《马关条约》,将我国台湾岛割让给日本。爱国商人林尔嘉不愿当亡国奴,愤然举家从我国台湾岛迁到鼓浪屿,并花重金建造了这座私家花园。菽庄花园具有江南园林的韵致,其依海建园、以园藏海、以园饰海、以海拓园、以石补山、以洞藏天,与远处的山光水色相互衬托,浑然一体。

[日光岩石刻]
日光岩上有很多石刻,分布在各处,在不经意间就能发现一块石刻。

岛被正式定名为"鼓浪屿"。

鼓浪屿很小,乘坐游船环岛一周用不了1小时,但是整座岛上美景众多,其中最有名的有日光岩、菽庄花园、郑成功纪念馆、鼓浪屿钢琴博物馆和百鸟园等,鼓浪屿以其独具一格的自然与人文景观成为我国知名的旅游区。

海上公园
台山列岛

它是福建省境内距大陆最远、公海最近且有人居住的唯一列岛，岛上有著名的海蚀地貌风景，让其成为一座名副其实的海上公园。

据说西台岛上的居民都是福州长乐人的后代，所以西台岛又称福州岛。

台山列岛上的主要方言是福州话，其次是闽南话，岛上治安秩序良好，因为案犯作案后简直插翅难逃，大大提高了安全系数，几乎没有发生过刑事案件。岛民出门不关门、不上锁，东西从来不会丢失，所以台山也是一座"安全之岛"。

台山列岛上有丰富的贝壳类资源，被宁德市政府立为"厚壳贻贝繁殖保护区"。

台山列岛位于福建省和浙江省之间的海域，在福建省福鼎市秦屿镇东部，是福建省境内距大陆最远、公海最近，同时还有人居住的唯一列岛。该列岛由西台、东台、南船屿、南屿和星仔屿等15座岛屿及22块礁石组成。因常年被海浪冲刷、雕琢，该列岛上拥有许多著名的海蚀地貌风景，而大部分风景由贯通列岛的环岛公路连接在一起。

雨伞礁

在台山列岛的东部有一块叫作雨伞礁的礁石，是海蚀地貌的杰作，也是台山列岛的形象代言。雨伞礁三面向海，从不同角度观看，其形象也不同，既像海狮戏球、蘑菇云爆炸，也

[雨伞礁与一线天]

[雨伞礁]

像雨伞、烟斗、海龟，甚至像小黄鸭。

涨潮时，整块雨伞礁孤立于海中，而退潮时，从台山列岛上有一座小桥与雨伞礁连通，雨伞礁内部是空的，在战争年代曾作为监视哨，从雨伞礁内可观察三面海域，其犹如一位忠实的卫士守卫着台山列岛。

[西台石头"城堡"]

西台石头"城堡"

西台石头"城堡"是一个建在礁盘上的小渔村，村内的房子由石头依崖而建，层层叠叠，恍如一座海上城堡；小巷纵横交错，四通八达，仿佛像个迷宫。据说在战争年代，这里的村民常会藏匿地下党员，不管是国民党特务还是日本士兵，进村后都会迷失方向，根本无从下手。

这些建造房子的石头据说并非出自本岛，而是从外面运进来的，来之不易，如今成了台山列岛上的一处特色风景。

[岛上最高点：灯塔]
在这里可俯瞰整座海岛，夕阳西下时，壮阔景象让人难以用言语描述。

海上公园

台山列岛是一处远离大陆的岛屿，未经开发，这里风光旖旎、礁石奇特、洞穴幽秘、海味鲜美。除了"海上一绝"雨伞礁、西台石头"城堡"之外，还有一线天、天桥、千堆雪、海底隧道、鸟岛、犀牛礁等原生态景色，堪称"海上公园"。它还与闻名遐迩的太姥山遥遥相望，当地有一句口头禅"上山游太姥，下海观台山"，足可见台山列岛之美。

[一线天]
神奇的一线天离雨伞礁不远，它由两块不相连的礁石夹峙而成，从底部向上仰视，天空成了一条长长的线。站在横卧两块礁石顶部的"天桥"上环顾，四周的海景一览无余。

永乐群岛中最美的海岛
银屿岛

> 它如一座僻静的海上花园，仿佛被整个世界遗忘了一般，在四面都是海的角落，如同一扇失落的窗，被悄无声息地打开。

银屿岛位于中国南海西沙群岛永乐群岛东北部，面积仅有0.01平方千米，是一个长草不生树的小沙洲，海拔仅有2米多。

永乐群岛中最大的居民定居地

因有渔民在岛屿周边捡拾到古代沉船的银锭，故当地渔民将其俗称为"银峙"，官方称其为银屿岛。银屿岛上原有一个渔村，有居民十多户，如今岛上的部分居民在政府的组织下搬迁到了曾经的无人岛：晋卿岛和琛航岛。政府专门为留在银屿岛的居民修建了定居点，配置了冰箱、空调和家具等，目前，银屿岛仍是整个永乐群岛中最大的居民定居地。

[银屿社区]

[银屿岛浅滩]

人一生一定要去的美丽中国海岛

[银屿岛]

银屿岛南侧有一座小岛，名为银屿仔，两岛实际上处于同一个礁盘上，可以说银屿仔是银屿岛的附属岛屿。

银屿岛礁盘上有一个深坑，深度近20米，水呈蓝黑色，水温较低，同举世闻名的三沙永乐龙洞一样，这个海洋深坑也被海南渔民称为"龙坑"。

银屿岛一半是珊瑚，一半是礁石，岛上没有草木，但却是海鸟栖息的地方。每到迁徙时节，总能看见成群的海鸟飞到岛上。

据说目前银屿岛上有19个长期定居的渔民，他们是我国最早在西沙群岛生活的人。他们祖祖辈辈守护着这片疆土，靠海吃海。登岛的游客可以和他们一起体验海钓、捕鱼的乐趣，还可以享受他们为游客准备的海鲜大餐。

银屿岛每月都有"北部湾之星"号等游轮（原来为"椰香公主"号）带游客前来游玩，每个月4趟，可登岛旅游。银屿岛有两处非常知名的景点：七色海和玻璃海。

七色海和玻璃海

银屿岛被清澈见底的海水包裹，海水的颜色由深水区到岸边呈现墨蓝、深蓝、浅蓝、翠绿、浅绿和杏黄等7种颜色，俗称为七色海。

银屿岛的沙滩一直绵延到海水之中，在海浪的呵护下，水底呈高低起伏的波浪形沙滩，在阳光照射下呈现碎玻璃的形状，这便是玻璃海。

七色海和玻璃海是来此的游客最喜欢拍照留念的地方，而且银屿岛是周边众多岛屿中唯一可以下海游泳的小岛，其水下奇妙的海底珊瑚世界，与东南亚的一些著名度假小岛的海底相比也毫不逊色。

世界级火山奇观
南碇岛

南碇岛是一座无人岛，孤独地漂浮在大海上，其貌不扬，只有乘船靠近了，才能发现它罕见的美。

南碇岛非常小，面积仅有 0.09 平方千米，相当于 3 个标准足球场那么大，以至于在地图上几乎看不到它的存在。它位于林进屿的东南方向，而且两座岛离得很近。

南碇岛犹如一个蒙古包漂浮在海上，和林进屿犹如一对姐妹岛，一前一后排列在海上，同为火山岩地貌，拥有海蚀奇观。南碇岛的火山岩更绝、更动人心魄，全岛由清一色的五角形或六角形石柱状玄武岩组成，数量有 140 万根之多，朝东北方向扭动，形成一种风卷蹈海的韵律。当地人称为"发状石林"，也有人称为"熔岩珊瑚"。全岛的柱状节理及其发育的墨绿色玄武岩石林，犹如镶嵌在蓝天碧海之中的一块墨玉，甚为神奇，国内仅

[南碇岛火山石柱]
线条清晰的黑灰色岩柱整齐地排列垂挂入海，密集排列的石柱像凝固的石瀑布。

南碇岛周围有不下 10 个被海水冲蚀的洞穴，直通小岛的腹心地带。传说洞中藏有怪兽，夜间还有人看到洞口有忽闪忽闪的眼睛，种种传言，为这些洞穴蒙上了一层神秘、可怕的面纱。

图说海洋

人一生一定要去的美丽中国海岛

[南碇岛]

南碇岛海拔不高，灯塔是岛上的制高点。灯塔周围的一小片草地是岛上仅有的绿色植被，海岛上的大风是留不住沙土的，这一小片草地如沙漠绿洲般珍贵。

见，即使在世界上也数一数二，是目前已知世界上最大、最密集的玄武岩石柱群，堪称世界级火山奇观。

南碇岛由于独特与典型的地质特点，据说正在申报世界自然遗产。目前，南碇岛并不能登岛，只能坐船环岛游，远远感受大自然的力量。

[南碇岛火山石柱]

这里完全是由一根根的玄武岩石柱组成的，而且这些石柱的形状非常规则，截面几乎都是五边形或六边形。

这里与爱尔兰的"巨人之路"上4万根玄武岩柱景观相比也绝不逊色，甚至规模更大，堪称世界级火山奇观。

海上明珠、南国天山
嵛山岛

很难想象，一座岛上会同时拥有高山草甸和大、小天湖，嵛山岛就是一座这样的岛，站在岛上，却给人一种身处草原的感觉。

嵛山岛位于福建省福鼎市，距离硖门鱼井3.3海里，距离三沙古镇港5海里。嵛山岛由大嵛山和小嵛山等11座岛屿组成。

美丽的环岛海岸线

如果喜欢徒步，有足够的游玩时间，可以徒步环岛，然后一路去往景区，但是这样至少要走四五小时才会到景区；如果是骑行爱好者，可以自带单车环岛骑行。嵛山岛从西向东分为6个自然村，每个自然村都在海岸线上，形成一条环岛路，沿途的风景还是很美的。

> 嵛山岛古称福瑶列岛，意即"福地、美玉"。嵛山岛直径5千米，面积28.3平方千米，最高处洪纪洞山海拔541.4米，为闽东第一大岛。

> 嵛山岛既是岛也是山，2006年被《中国国家地理》杂志评为"中国最美的十大海岛"。

[嵛山岛环岛路]

[大天湖]

[天湖草场小径]
嵊山岛上的万亩草场有"南国天山"之誉。

大天湖和小天湖

在嵊山岛海拔200米的红纪山绝顶之上有两个美丽的湖泊，即大天湖和小天湖。两个天湖各有泉眼且常年不竭，水清如镜。

从大天湖出发徒步半小时，再爬十多分钟的小山坡就能到达小天湖，大天湖的面积达到了66.7万平方米，小天湖的面积也有13.3万平方米，这两个天湖滋养了有"南国天山"之誉的万亩草场，看上去好似大草原，景色非常清新迷人。

走过草场来到天湖边，会发现这里有很多野生

[小天湖]

乌龟，它们完全颠覆了人们对乌龟的认知，被惊扰时，会矫健地跃入湖内。

崳山岛上除了有两个天湖和万亩草场之外，还有最高处的洪纪洞山、古寨岩、天湖寺、跳水涧、明月潭、仙人坡、大头宫、白鹿坑、白莲飞瀑、大象岩和小桃源沙洲等景观。

崳山岛的羊鼓尾（早期叫羊角尾）在20世纪60年代驻扎过一个军区连队。这里如今已经没有驻军，不过可以去军事基地遗址转转，那里的海岛军事遗址战略通道、碉堡都还保存完好。

迷你小沙滩

不要以为崳山岛没有沙滩，它不仅有沙滩，而且很美。它的沙滩隐藏在一个不起眼的小山洼之内，沙滩相当迷你，面积只有二三十平方米，其中一小部分还被礁石点缀着，但风景很好。

沙滩旁边就是乱石滩，面积比沙滩大，翻开乱石常会发现躲在里面的小螃蟹，举着大钳子横行着逃离你的视线，钻入另一块乱石之中，这里是个捉螃蟹的好地方，足可以让人兴奋得忘记旅途疲劳。

野营回归自然

崳山岛吸引了很多喜欢野营的游客，如果时间允许，可以在崳山岛住几天，好好地感受一下小渔村里简单而安静的生活。如果时间不允许，那就选择在这里待上一天，晚上搭起帐篷看着日落的余晖洒在海面上，那一刻仿佛整个世界都安静了下来。

[天湖寺]

[迷你小沙滩]
这处沙滩离村庄的直线距离并不远，只是走山路要转好几个弯，所以很少有人能找到。

人一生一定要去的美丽中国海岛

[黄瓜鱼]
黄瓜鱼学名池沼公鱼,属鲑形目、胡瓜鱼科、公鱼属。其体细长,稍侧扁,头小而尖,头长大于体高。口大,前位,上、下颌及舌上均具有绒毛状齿。背部为草绿色,稍带黄色。

[嵊山岛烤全羊]
在嵊山岛除了吃海鲜外,还有一道特色菜值得品尝,那就是当地的烤全羊。这里的羊是吃天湖边的草长大的山羊,现杀现烤,特别美味。不过要预订,杀、烤一只羊要好几小时。

[小嵊山岛]

大嵊山岛的渔场

大嵊山岛的自然环境保持了原始般的状态,没有任何的污染,这里的村民们世世代代都是以渔业为生。

大嵊山岛面向浩瀚的太平洋,北部靠近舟山天然的优质渔场,这里最不缺的便是海味了。无论什么季节来到此地,都可以随时品尝到各种海鲜,如福建盛产的黄瓜鱼、石斑鱼、鳗鱼、鲳鱼和墨鱼等;还有人工养殖的白鱼、鲷鱼、对虾、淡水鳗和鳖等,尤其是大嵊山岛的青蟹、海蛎、乌塘鲤和跳鱼等更是远近闻名。

小嵊山岛——奇特的海蚀地貌

小嵊山岛是一座无人岛,海拔仅有 50 米,面积约为 3 平方千米,由火山岩组成,海蚀地貌十分突出,因常年被海水冲刷风化,基岩已经变得十分裸露。

小嵊山岛以前有渔民居住,如今已经人去屋空,逐渐被茂密的植被、成千上万只海鸥及其他的候鸟占据。岛上废旧的房屋充满了年代感。

别样清新的风情岛
南丫岛

南丫岛空气清新，海岸风光优美，是郊游、远足、度假的首选之地，这里还是香港无线电视台（TVB）拍摄电视剧最爱的取景地，为这座小岛增添了不少迷人的色彩。

南丫岛位于香港岛的西南面，面积约为13.55平方千米，仅次于大屿山和香港岛，是香港第三大岛屿，最早因是周润发的故乡而闻名。

古称为"舶寮洲"

南丫岛在古代是往来船只的中转码头，在唐宋时曾作为前往广州贸易的外国船只停泊之地，因此古称为"舶寮洲"，后雅化为"博寮洲"。

到了近代，又因岛形状像汉字"丫"，并且位于香港之南，从而被称作"南丫岛"，并逐渐取代"博寮洲"这个名字。

中西文化交融的村落

南丫岛并不大，登岛的唯一工具就是渡轮，岛上山路狭窄曲折，不通汽车（除了消防车和救护车），完全靠徒步或者骑自行车，连电动车都很少。整座岛上很少看见高楼峻宇，主要村落分布在榕树湾、洪圣爷湾和索罟湾等地，隐现于绿荫之中，洋溢着浓厚的艺术气息，有不少外籍人士在此居住，中西文化交

> 1964年，南丫北段乡事委员会曾向南约理民府建议将"南丫"改名为"南雅"，但没有被采纳。

> 从榕树湾沿着小径一路向南，穿过植被茂密的森林、周润发儿时玩耍的"洪圣爷泳滩"，俯瞰海天一色的山顶步行道，慢慢进入充满渔村文化的索罟湾，短短1个多小时的穿岛徒步，便可以体验到迥异的风情。

> 南丫岛沙滩的沙很细，踩着很舒服，海水很干净，海风很舒服，还可以看到很多外国人穿比基尼晒太阳。

[榕树湾]

榕树湾是南丫岛西北的一个海湾，是南丫岛主要的村落所在地，村中有百年历史的天后庙，村外围满是菜田，北面是培植花卉的集中地。

人一生一定要去的美丽中国海岛

[索罟湾天后庙]
在索罟湾码头附近有一座有 150 年历史的天后庙。

[南丫岛洞穴]
南丫岛有很多洞穴，怪石嶙峋，清水潺潺，非常神秘。据说第二次世界大战期间日本曾在这些洞穴中藏匿船只，埋伏袭击路过的美国军舰。

> 南丫岛上什么都是小小的，消防车、运输车都很小，因为路窄。

融且和谐共存。

在南丫岛如画的景色中悠闲徒步，随时都可能邂逅香港无线电视台（TVB）拍摄的一些电视剧中出现的风景，闲逛文艺小店、淳朴渔村，品尝海鲜大餐，无不是人生美事一桩！

[洪圣爷泳滩]
洪圣爷泳滩距离榕树湾大约 2 千米，徒步需要半小时，是南丫岛上有名的泳滩，这里水清沙幼，很多西方游客及岛上的居民都爱到这里来游泳和享受日光浴。黄昏时，当斜阳落在海面上，放眼望向对岸的南丫岛发电厂，景色非常美。

最美丽捕鱼石墙
七美岛

"爱在七美，情定双心"，七美岛上的双心石沪如今成了我国台湾地区最浪漫的地方，相传有缘之人捡起石子，只要丢进那颗心里面，就会与真爱邂逅。

[情定双心]

七美岛是澎湖列岛的 64 座岛屿之一，位于澎湖列岛最南端，全岛面积约为 7 平方千米，呈三角形，地势由东向西递降。东岸断崖峭立，海拔 60 米，雄伟壮丽；中部有西湖溪，溪水流经处风景特异。

石沪是传统的捕鱼方法，渔民以海石在近岸处叠起圈堤，涨潮时海水覆盖，退潮时鱼儿困在里面，渔民即可捕捞。

最繁华的南沪港

七美岛是澎湖列岛的离岛，交通很不方便，需要早点出发，否则就有可能需要在岛上过夜。

跟随着客轮首先来到七美岛的南沪港，这里是我国台湾地区重要的渔业中心，也是七美岛最繁华的地方，南来北往的船只将这里挤得格外热闹。

七美灯塔、望夫石

南沪港最醒目的建筑要数七美灯塔，该灯塔下方是一片绿草地，一直向西延伸到海岸边黄色的沙滩旁，沙滩上有一块巨大的石头没于沙滩与海水之间，如同一位怀孕的妇女仰卧于水面，这就是七美岛有名的"望夫石"。相传，古时候这里生活着一对打鱼的夫妻，后来丈夫出海打鱼未归，痴情的妻子在海边长候望夫归，因体力不支而倒，变成了望夫石。

七美人冢

在南沪港东南方约500米处能看到七株开着白色小花的古楸树，它们已有400多年历史，香气四溢，枝繁叶茂，苍翠浓密，枝柯交错，在古楸树下方就是有名的"七美人冢"，旁边建有7间小屋，如今成为澎湖的名胜之一。

[七美灯塔]

七美灯塔（又称七美屿灯塔或南沪灯塔）兴建于1937年，是澎湖所有灯塔中最后兴建的一座。1989年整建后，高8.3米，有8000烛光，塔光可达19海里远。

[七美人冢]

相传，明朝时倭寇侵扰我国台湾地区，该岛也未能幸免。有一次，倭寇来袭，烧杀掳掠，无恶不作，他们发现了7位美貌的姑娘藏于山洞中就去追赶，被追赶着的7位姑娘来到一口井边，因不甘受辱而相继投井自尽。

倭寇撤离后，乡人们将井掩埋，一夜之间，井边长出7棵枝叶繁盛的楸树，乡人们认为这是七贞女之精魂凝结，感其贞烈，立"七美人"碑。

["小台湾"]

海蚀平台"小台湾"

在七美岛东部，离"七美人冢"不远处的海岸边有许多大小不一、被海浪侵蚀的海蚀平台，其中有一块从外观上看就像缩小版的我国台湾地区本岛地图，使人不禁感叹大自然的鬼斧神工，当地人称之为"小台湾"。每当退潮时，在"小台湾"的海蚀平台上会有很多来不及撤退的螺贝，甚至还有其他海洋生物，使之成为游客拍照取景的最佳地点。

> 七美岛因处于澎湖列岛最南端，故有"南天岛"之称，又因其为离岛中最大的一座岛，故又称"大屿"。1949年，当时的澎湖县县长到这座岛上巡视，发现岛上有一个著名古迹"七美人冢"，为纪念七女抵抗倭寇的节烈事迹，将"大屿"改名为"七美岛"。

> 双心石沪是澎湖列岛上的代表性地标，曾屡获票选澎湖美景第一名。双心石沪是目前澎湖列岛保存最完整和最美丽的石沪。

双心石沪

从"小台湾"出发，沿着海岸线往北，在七美岛东北角就是著名景点"双心石沪"，它的形状像两颗心结合在一起，这个奇景并不是自然形成的，而是先民利用玄武岩及珊瑚礁在潮间带筑成的捕鱼石墙，是一种海中陷阱，相传已有700多年的历史。如今石墙变得陈旧，上面还附着有珊瑚礁，变得更有历史的味道。双心石沪因其浪漫的造型，如今成为情侣们许下诺言和宣誓爱情的地方，被评为我国台湾地区最浪漫的地方。

[双心石沪雕塑]

人一生一定要去的美丽中国海岛

独具特色的海蚀火山岛
涠洲岛

涠洲岛有广西"蓬莱岛"之称，是中国地质年龄最年轻的火山岛，也是广西最大的海岛，岛上有许多奇形怪状的海蚀洞、海蚀平台、海蚀崖、海蚀柱。

[涠洲岛]

鳄鱼山是涠洲岛的主要景区之一，2009年12月被批准为国家4A级景区。

涠洲岛位于广西壮族自治区北部湾海域，北临北海市，东望雷州半岛，东南与斜阳岛毗邻，南与海南岛隔海相望，西面面向越南，因元朝时海岛中建有涠洲巡检司而得名。

丰富多彩的地貌

涠洲岛的岛形近似圆形，东西宽约6千米，南北长约6.5千米，几百万年来曾多次发生地震、火山及因其引发的海啸，加上平时海水与海岸的相互作用，形成了南高北低的地势，南半部以海蚀地貌为主，有海蚀崖和

[涠洲岛火山口]

["海枯石烂"石]

海蚀洞等，逐渐过渡到北部的海积地貌，有平坦宽阔的沙质海滩、沙堤、潟湖及礁坪。

涠洲岛上丰富多彩的海蚀、海积、海滩地貌，形成了大量的景点，其中最具特色的景点有鳄鱼山、滴水丹屏、石螺口和五彩滩等。

鳄鱼山

鳄鱼山位于涠洲岛南湾西侧，如一只绿色巨鳄潜伏于海岸之上，这里是观赏火山岩石与美妙海景的绝佳去处。

沿着鳄鱼山沿海栈道行走，可以看到山脚的奇岩怪石，它们经过千百年的海蚀风刻后形态各异，有火山弹冲击坑、古树化石、水帘洞、海蚀柱、海蚀拱桥、海蚀墩、龙宫、藏龟洞、贼佬洞和百兽闹海等地质奇观，十分具有观赏价值。此外，这里还有鳄鱼

[鳄鱼山沿海栈道]

[鳄鱼山灯塔]
该灯塔是全岛的制高点和标志性建筑，也是渔民们的守护灯。

[滴水丹屏]

滴水丹屏附近有涠洲岛最大、最美的沙滩——金马滩，这里的沙子非常干净，细绵柔软。

海底珊瑚区离滴水丹屏很近，其水下岩石呈巨型块状，深度为5米左右，可见少量的珊瑚、海葵和部分海洋鱼类，适合稍有潜水经验的潜水者。

山灯塔和月亮广场等供人游玩。

滴水丹屏

滴水丹屏堪称中国火山景观的奇迹，曾被列为"北海八景"之一，位于涠洲岛西部的滴水村，海滩背后就是鳄鱼山灯塔，沿着环岛路骑行5分钟即可到达。

滴水丹屏原名滴水岩，绝壁裸露的岩层有红、黄、紫、绿、青五色相间，纹理异常清晰，绝壁上部绿树成荫，红花绿叶倒挂崖头，展现旖旎多姿的色彩，因此得名"丹屏"；绝壁上的岩层中常有水溢出，不断地向崖下滴落，所以又取名"滴水"，合在一起即是"滴水丹屏"。

滴水顺着丹屏汇聚于绝壁脚下，沁入银色沙滩，融入大海，消失在阵阵涛声中，犹如仙境一般的浪漫。

石螺口

从滴水丹屏沿着海滩或环岛路，往北前行2～3千米就能走到石螺口。石螺口因其附近的村庄形似石螺而得名，沿岸遍布火山岩、海蚀岩，景观丰富、奇特、怪异。

石螺口的沙滩很棒，有很多水上运动项目，如水上摩托，而且这边的浪比较大，是不错的冲浪地点。

[鳄鱼山海蚀洞]

[鸟瞰石螺口]
鸟瞰石螺口，其像一只乌龟。

盛塘天主教堂

盛塘天主教堂位于涠洲岛盛塘村，是"晚清四大天主教堂"之一。

该教堂建于1853年，由法国籍范神父花了10年时间，用岛上特有的珊瑚石建造。这座教堂总建筑面积为774平方米，连同附属建筑在内面积达到2000余平方米，是一座典型的文艺复兴时期的哥特式教堂，也是广西沿海地区最大的天主教教堂，2001年被列为全国文物保护单位。

在涠洲岛除了有盛塘天主教堂之外，还有三婆庙等人文景观，印证了中西文化合璧的历史。

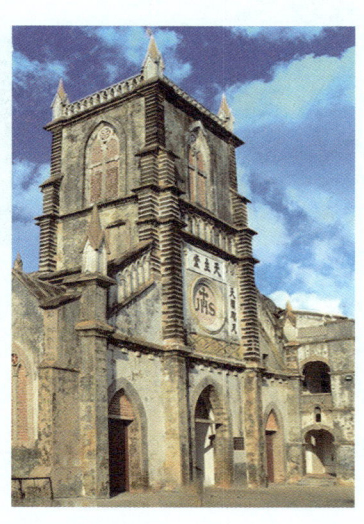

[盛塘天主教堂]

在清代，清政府因涠洲岛"孤悬大海，最易藏奸"而发出"永远封禁"令。清同治六年（1867年）"重开岛禁"，据史料记载，当时岛上的移民总数约为6000人，几乎全是客家人或从广西其他地方移民而来的，其中1/3是天主教徒。由于教徒人数众多，在涠洲传教的法国籍范神父为解决宗教活动场所问题，筹建了这座哥特式教堂。

[三婆庙]

三婆庙又称妈祖庙、天后宫，建于清乾隆三年（1738年），利用海蚀洞作为天然屏障，将庙与岩洞巧妙地结合在一起，高度体现了涠洲人的智慧。庙外花木茂盛，岩石纵横，曲径通幽。庙侧绿荫下有几口仙人井，涌泉常溢不断。井水有口甘生津、清凉解毒之效。

五彩滩

五彩滩原名芝麻滩，因沙滩上有许多像芝麻一样的小石粒而出名。这里退潮后格外漂亮，被海水侵蚀的岩石不仅形态各异，而且由于有绿苔和红藻覆盖，在阳光的照射下，呈现五彩斑斓的色彩，因此得名五彩滩。

五彩滩位于涠洲岛东海岸，长达1.5千米的海岸线在退潮时可见宽达几十米至上百米的海蚀平台；海蚀平台上一层又一层的海蚀沟，在阳光的照耀下十分漂亮；在海蚀平台的尽头耸立着高达20～50米的海蚀崖；在海蚀崖与海蚀平台的交界处，形态各异的海蚀洞随处可见，是国内罕见的集海蚀崖、海蚀平台、海蚀洞于一体的地质景观带。

[五彩滩]

贝壳沙滩

从五彩滩往北一直到西北部的蓝桥（即中石化原油码头），绵延将近6000米的海滩都属于贝壳沙滩，这是涠洲岛海岸线上最长的沙滩景点，有一条环岛路贯穿贝壳沙滩沿岸，从环岛路上即可走进贝壳沙滩。

贝壳沙滩的游客稀少，因此保留了很多的原生态景色，喜欢赶海的朋友一定要到这里的沙滩上走走，能看到小螃蟹、贝壳、珊瑚等。

[红色海蚀崖]

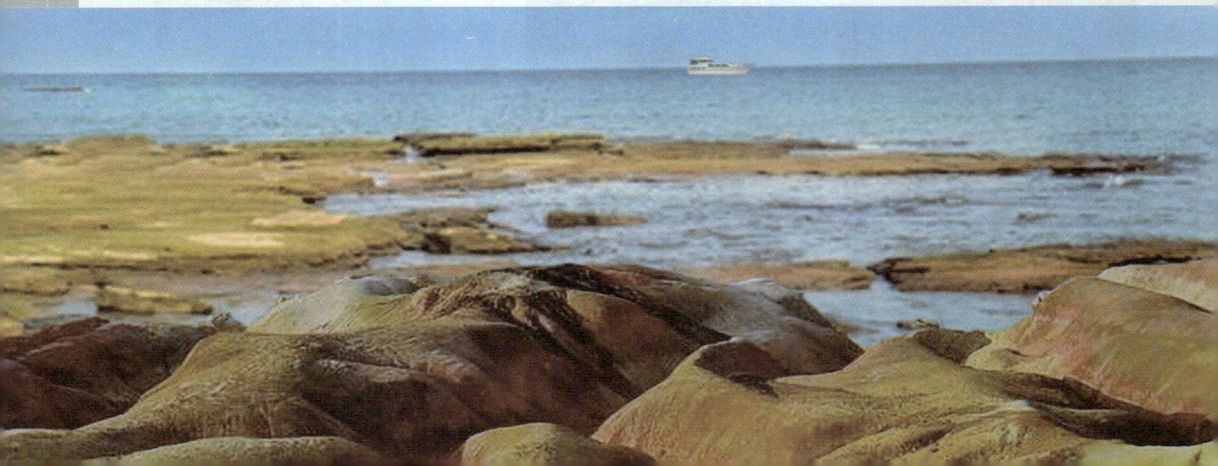

迷人的多色调海水
斜阳岛

> 它孤零零地矗立在碧波之上，保留了最原始、最朴素的一切，迷人的多色调海水让它成为一个可以洗去城市喧嚣的世外桃源。

北海这个漂亮的海滨城市，不仅有人们耳熟能详的涠洲岛，还私藏着一座世外桃源般的海岛——斜阳岛，它因曾作为湖南卫视的综艺节目《变形计》的拍摄地而走红，和涠洲岛并称为北海的"大小蓬莱"，但它比涠洲岛更淳朴，也更加安静。

斜阳岛位于北海市北部湾，比邻涠洲岛，因从涠洲岛可观太阳斜照此岛全景，又因该岛横亘于涠洲岛东南

[斜阳岛海岸]

斜阳岛和涠洲岛都是由于火山喷发后熔岩堆积凝固而成的岛屿，因此斜阳岛和涠洲岛的整体景观有许多相似之处。斜阳岛的海岸虽然没有涠洲岛的宽广，但整座岛的造型非常特别。

人一生一定要去的美丽中国海岛

[斜阳岛火山爆发后留下的坑]
斜阳岛远离大陆,在千万年前这里只有一片汪洋大海,经过数次火山爆发的积淀,以及大自然的不断雕琢,这才形成了今日的斜阳岛。

[礁石海水]

[牛鼻洞]
牛鼻洞位于斜阳岛的北面,洞外各种景观、山石造型令人神往。从洞内往外看:远山、近景、大海、渔船、蓝天、白云,各种光影,别有洞天;洞内各种岩石姿态变幻、神奇莫测,让人浮想联翩。

面约9海里处,山南为阳,故得名斜阳岛。斜阳岛的面积仅有1.89平方千米,是一座充满了海滨特色的小岛。

斜阳岛状似一朵盛开的莲花,中部凹陷,四周凸出,岛上冬暖夏凉,野花繁多,森林原始,山径迷离。沿岸巉岩壁立,下临深渊,清澈的海水呈现神秘的翡翠绿色,站在礁石上,海里的鱼群清晰可见,因此吸引了一大批海钓爱好者。

128

[斜阳岛晚霞]

　　斜阳岛的东面是壮观的海蚀、岩溶景观，有各种形态的岩层、熔岩、断层、拉沟、溶洞、悬崖、峭壁，山石奇诡，美不胜收，是寻幽探险的乐园。

　　整座斜阳岛除了岛的中部有一个小村落之外，几乎没有人烟。说是村落，其实也不过是两排简易的民房坐落在山中，登岛之后需沿山路徒步才能到达。在村中可以吃到当地的特产——肉质肥美的斜阳鸡以及各种鱼、虾、海蟹。

　　斜阳岛是一座未经开发的小岛，岛民生活质朴简单，但就是这种几乎与世隔绝的原始状态，吸引了一大批生活在城市中的年轻人来此休闲度假。

[斜阳鸡]
在这里除了可以吃到最新鲜的海鲜之外，斜阳鸡也是一大特色。斜阳岛上的鸡是完全放养的，在岛上吃植物、虫子。

人一生一定要去的美丽中国海岛

中国第一大火山岛
硇洲岛

这是一座不起眼的小岛，毫无人为开发的痕迹，原始、古朴，很少有人会想到这里曾是皇城，有两任皇帝避难于此。

硇洲岛位于广东省湛江市东南约40千米处的雷州湾东部海面，东南面是南海，纵深是太平洋，面积为56平方千米，海岸线长4398千米，其四面环海，孤悬海上，地势险要，是湛江港的屏障，人文历史景观丰富，自然风景秀丽，一年四季气候宜人。

[宋帝昺]

宋帝昺（1272—1279年），即宋怀宗赵昺，南宋第九位皇帝，也是宋朝最后一位皇帝。

[陆秀夫庙]

宋帝昺在硇洲岛登基后，元兵紧逼，只得逃往新会崖山，最后因寡不敌众，宋军全军覆灭。南宋大臣陆秀夫见大势已去，背着宋帝昺、颈挂玉玺投海，壮烈殉国。后人非常敬仰陆秀夫舍身报国的精神，于公元1636年建了一座庙，以作纪念。

南宋末代皇帝的逃难地

硇洲岛古称硭洲岛，1275年，元军攻破南宋都城临安（今浙江杭州），南宋将臣陆秀夫、张世杰、文天祥等及10万士卒，护送年仅11岁的宋端宗赵昰和其弟卫王赵昺，逃亡到硭洲岛。

宋端宗赵昰年幼体弱，到达硭洲岛不久就病亡，众臣拥其弟、8岁的赵昺为帝，史称"宋帝昺"。由于硭洲岛遍地是石头，赵昺登基后，便命士卒采石，筑石墙，建行宫，建兵营草舍3000间，并利用石头作掩护抵抗元军，也就是"以石击匈（元）"，由此而诞生了"硇"字，硇洲岛也因此而得名。

如今，硇洲岛有众多的历史遗迹，如宋皇城遗址、祥龙书院、宋皇井（八角井）、宋皇碑、宋皇亭、宋皇坑（俗称马蹄坑）等，作为南宋末代王朝两个"真龙天子"的逃难地，记下了宋、元两朝交替的最后一段历史。

硇洲灯塔

硇洲岛除了南宋末代王朝的遗址之外，还有一个标志性的景点——硇洲灯塔，这是世界上仅有的两座水晶磨镜灯塔之一，与英国伦敦灯塔齐名，它们与好望角灯塔合称为"世界三大灯塔"，是全国重点文物保护单位。

硇洲灯塔建于1898年，位于海拔816米的马鞍山顶，高23米，底宽5米，顶宽4米，整座灯塔由麻石叠砌而成。该灯塔的顶部是灯座室，水晶磨镜在这里以水平方向放射，射程达26海里。在浩瀚的南海上放射出灿烂的光芒，照耀着来往船只的航道，是国家级航海标志。

> 硇洲渔港常有上千艘船云集的壮观场面，尤其是夜晚时，千灯竞辉，渔歌阵阵，宛如船只连成的"海中之城"。

[硇洲灯塔]

[硇洲灯塔石刻铭文]

人一生一定要去的美丽中国海岛

晏海石滩

砌洲岛是一座20万～50万年前由海底火山爆发而形成的海岛，也是中国第一大火山岛。岛上除了众多古迹之外，还有南国著名的旅游度假胜地——晏海石滩，这是一个长100多米，被黑色、嶙峋的火山熔岩礁石环抱成的海湾，大海的风浪都被岸边黑色的礁石阻拦，激起浪花飞舞，海水既激荡又安全，是个理想的度假戏水场所。

砌洲岛上只有一条简易的水泥路，其他支路都是泥石路，和其他很多小岛一样，没有客运车辆，只能靠"摩的"这种简易的交通工具穿行在古迹与自然风光中，品读"湛江八景"之一——"砌洲古韵"。

[晏海石滩上奇幻的岩石纹理]

[晏海石滩]
这里有大量凌乱分布的火山石，坚硬的火山石与不远处的松柔沙滩形成鲜明的对比。

曾经的海盗天堂
龟龄岛

这是一座在本地颇有名气、承载着满满乡情与回忆的小岛，外出读书或工作之人回乡探亲时总不忘登岛。

[龟龄岛形如乌龟]

龟龄岛位于广东省汕尾市捷胜镇沙角尾南海域，距海岸 3.17 千米，距离遮浪岛不远，与周边的牛皮洲、赤腊、鹰屿、青屿和捞投屿等小岛以及一些明礁形成岛群。

状若凫水的乌龟

传说，很久以前南海龟王在此兴风作浪，南海龙王一气之下，将它点化在此地，变成了今日的龟龄岛。

龟龄岛上有两座山峰，分踞东西两侧，东侧主峰海拔 53.6 米，山体形若龟背，并向东南蜿蜒入海；西端为次高峰，海拔 22.8 米，状若凫水的乌龟。

[龟龄岛淡水井]

地质工程师关于这口不干枯的井的介绍：龟龄岛与3千米外的大陆连通，而海水只漫过山脉的低处，并没有渗入小岛，因虹吸作用，大陆的淡水源源不断地从地底输送到龟龄岛，从而形成了这口井。

[龟龄岛怪石：南天门]

龟龄岛有名的怪石有南天门、羊回头、卧佛、蘑菇石等。

"头部"以巨石为主，怪石嶙峋，石石相连，颇为气派。"龟身"则是另一番风景：树木葱茏，虽不算高，但密集而有层次。

> 龟龄岛的乌龟头部中有一块巨石，形似小屋，可容纳数人，里面清凉异常。

旱不涸的淡水井

龟龄岛的"乌龟"头部与身体相接处有一口百年不涸的淡水井，是岛上主要的淡水来源。关于这口井还有一个搞笑的神话故事：相传，有一位神仙在南海游览，

[龟龄岛怪石]

因迷恋龟龄岛的美丽风光而忘了时间，一时尿急就撒了泡尿，随即甘泉涌出，就成了这口井。这位神仙被当地渔民视为井神，其神位被供奉在这口井的旁边。

关于这口旱不涸的井，民间还有传说：相传古时候，很多有钱人会雇船来此取水，因为这口井的井水有奇效，用它煎药，药到病除；用它洗脸，容颜常驻。这些传说给龟龄岛平添了几分神秘色彩。

海盗岛

龟龄岛因为有口常年不干的淡水井，成为过往船只补充淡水、躲避台风或歇脚的福地，岛上还修建了妈祖庙，过往船只和当地百姓常会来此求平安。

这块福地也曾是海盗们的天堂。据记载，明朝以来汕尾港海运发达，在清末民初甚至有"小香港"之称，离汕尾港不远的龟龄岛，因为岛上有常年不干的淡水井，因此被倭寇及本地海盗占领，成了他们的大本营。如今在岛北边还保留有当年海盗住所的残垣断壁。

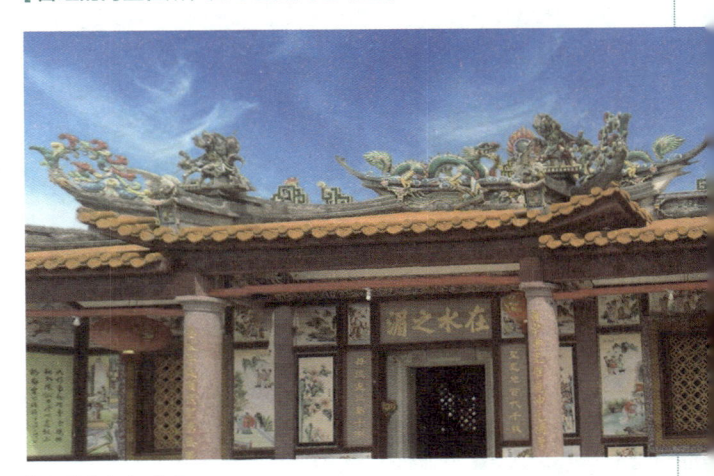

[曾经的海盗住所，如今已是残垣断壁]

[龟龄岛妈祖庙]

妈祖庙一直以来都是岛上最精美的建筑物。渔民们敬仰妈祖，所以这里虽是一座孤岛，依然香火鼎盛。

至今还有老人讲，解放战争后期，海盗经常在晚上从龟龄岛越海到海边村落作乱，而这些海盗就是国民党部队残余。

妈祖是民间传说的护海女神，在全国乃至世界不少国家和地区信奉妈祖的人甚多。妈祖信俗已于 2009 年被联合国教科文组织列为世界非物质文化遗产。

孙中山的建国方略曾重点提到要把汕尾建成粤东重点海港。

135

雾海仙槎，仿若仙境
外伶仃岛

它在万山群岛中风格独特，岛不大而绮丽，山不高而俊秀，尤以水清石奇为人称道，是镶嵌在珠江口与南太平洋交汇处的一颗璀璨明珠。

> 伶仃洋位于广东省珠江口外，为一个喇叭形河口湾，又称零丁洋、珠江口。其范围北起虎门，口宽约4千米，南达香港、澳门，宽约65千米，水域面积约为2100平方千米。

外伶仃岛距珠海27.5海里，距深圳35海里，是广东省万山群岛中的一座岛屿，也是珠三角地区进出南太平洋国际航线的必经之地，具有重要的战略地位。因该岛伶仃孤立，位于珠海香洲东南部伶仃洋外，又不在伶仃洋的范围之内，与内伶仃岛相对，而得名外伶仃岛。

碧海蓝天

外伶仃岛在星罗棋布的万山群岛中风格独特，岛不大而绮丽，山不高而俊秀，尤以水清石奇为人称道。岛上冬无寒冷，夏无酷暑，四季如春，山水兼得，远看之下像是镶嵌在珠江口与南太平洋交汇处的一颗璀璨明珠。

[外伶仃岛上的文天祥诗石刻]

[外伶仃岛摩崖石刻]

[伶仃湾黄昏景色]

摩崖石刻

从港口登岛，远远地便能看见民族英雄文天祥的雕像。朝着雕像走去，不远便能看见由毛主席亲笔抄录的《过零丁洋》的雕刻石壁。毛主席非常赞赏和钦佩文天祥的爱国与忠贞，于是亲自抄录了他的名作《过零丁洋》，并雕刻在石壁上开展爱国主义教育，外伶仃岛也因此而闻名于世。

雾海仙槎（石景公园）

外伶仃岛的地势东西高，北和中间低，东部沿

[文天祥雕刻]

文天祥（1236—1283年），号文山，在风雨飘摇的南宋末年，他曾满腔忠勇率兵勤王，但无奈兵败被俘，面对敌人的威逼利诱，他不愿苟活，写下了著名的《过零丁洋》，而后以死殉国。

[玉带环腰]

从摩崖石刻向前，有一条蜿蜒的石阶小路镶嵌在绿林和碧海之间，远远望去，如美人腰间的玉带，故名"玉带环腰"。

137

岸较陡，倾斜角为35度。岛中央主峰伶仃峰高311.8米，天晴时可以看到香港、桂山等岛及各岛沿线以内整个海面。

在外伶仃岛的最高峰——伶仃峰上有闻名遐迩的石景公园，顺山路而上，路过北帝晨钟等景观后，不远处就是石景公园。石景公园内奇石嶙峋，惟妙惟肖，还有一线天、迷宫等奇观穿插其中，尽显大自然的鬼斧神工，故有"万山群岛第一天然奇石公园"之称。石景公园内还常伴有轻雾漫飘、白云缠绕，飘忽不定，仿若仙境，因此，古往今来的文人墨客将此地称作"雾海仙槎"。

外伶仃岛天生丽质，石奇水美，优雅恬静，独具风韵。这里有四季皆宜的气候以及如画的风景，岛上游客稀少，民风淳朴，是一个旅游、休闲的绝妙去处。

[外伶仃岛旅游度假胜地石]

鸦片战争前，伶仃洋和（内、外）伶仃岛曾被英、美侵略者、鸦片贩子用趸船和快艇强占，成为对我国进行鸦片走私的跳板。

在伶仃峰上登高远望，整个万山群岛犹如一把翡翠棋子零散洒落在大海之上，好似天地对弈着的一盘棋局，这种美景也被人们称作万山棋局。

外伶仃岛与香港一水之隔，从岛上眺望香港方向，晴天里可以看见香港的高楼大厦、车水马龙，有雾的时节，香江景物便会在雾中影影绰绰，宛若海市蜃楼。

[许愿井]

梦幻之岛
庙湾岛

> 它如同一颗镶嵌在珠海心口之上的明珠，闪耀着夺目的光芒，是一座极具风情的"梦幻之岛"。

庙湾岛的面积仅有1.437平方千米，地处珠海东南部，南接太平洋，北邻香港，位于万山群岛佳蓬列岛中部。庙湾岛包括其本岛和下风湾北侧的一座无名小岛。1970年，当地居民修建了一条石堤，使两岛相连而成一体。

庙湾岛上只有移动信号，可以打电话，但是没有数据流量，联通、电信一点儿信号都没有，岛上住宿条件艰苦，除了住帐篷外，只能住渔民改造的民宿。

[一块巨大的石头]
因为人迹罕至，这里的很多风景要靠自己去发现，岛上有很多形状各异的石头，均无名字，也无传说。

[庙湾岛露营]

图说海洋

139

人一生一定要去的美丽中国海岛

[鸟瞰庙湾岛]

鸟瞰庙湾岛，可以清晰地看到庙湾岛与旁边一座无名小岛之间有一条石堤相连。

从珠海市区乘快船大约三四小时便能到达庙湾岛。庙湾岛拥有独特的风蚀海貌，岛周边的礁群星罗棋布，是海洋生物繁殖的理想之所。这里的海产种类繁多，海洋资源丰富，是一个久负盛名的垂钓区。

庙湾岛的海滩是珊瑚质的，沙子洁白、细腻，海水湛蓝、清澈，海底更有稀有的红珊瑚群，海滩上散落着被海浪带来的细碎的红珊瑚断枝，在洁白的细沙中夹杂着星星点点的艳红。

庙湾岛虽然未被开发，但它因纯净美好的景色和独一无二的沙滩而被称为"梦幻之岛"。

[庙湾岛灯塔]

庙湾岛临海的山顶上有英国人修的一座灯塔，由于庙湾岛在国际航道正中，两次鸦片战争后，大量的军舰和商船经此向我国内地进发，英国人为了方便船只航行，于1884年修建了这座灯塔。在1986年，我国海事部门进行了重新维修，直到今天，每到夜晚灯塔就会亮起来，为过往船只指引着航向。

庙湾岛是一座还未开发的海岛，距离珠海有65千米，政府严禁私自上岛，上岛的唯一方式是报户外团或者搭渔民的船。

[庙湾岛旭日]

百年之前，庙湾岛名为"滃崖"，后因岛上渔民在下风湾北侧建有天后庙、北帝庙，而改名为庙湾岛。庙湾岛的"湾"即源自竹湾，而"庙"则是竹湾正中岸上的北帝庙，不过仅剩下遗址，只能隐约看见遗留下的门额石匾"北帝宫"三个阴文。

人猴和谐相处
南湾猴岛

南湾猴岛上怪石嶙峋，像一把铁锚抛入浩瀚的南海中，在碧波、白沙的环抱下，犹如一幅拥红簇翠的风景画。

南湾猴岛位于海南省陵水县的最南端，在清水湾往东南30千米处，需乘吊索渡过500米宽的浅海湾，穿过海滩，进入茂密的热带丛林，便是有趣的南湾猴岛。

古陵水"八景之一"

南湾猴岛三面环海，是世界上唯一的热带岛屿型猕猴保护区，面积有1000公顷。该岛上的山峰连绵起伏，海中有色彩斑斓的珊瑚群，海边有干净迷人的沙滩和白浪翻扬的天然海滨浴场，是一个休闲、旅游、度假的好地方。这里有"海上街市"之称的渔排风情是古陵水"八景之一"。

> 上猴岛不要穿红色的衣服，否则会遭母猴妒忌，可能会被撕烂衣服。

[南湾猴岛泡温泉的地方]

人一生一定要去的美丽中国海岛

猕猴的极乐世界

南湾猴岛的气候温和，雨量充沛，四季绿树葱葱，果树比比皆是，有荔枝、菠萝蜜和杨桃等，适合猕猴生长繁衍，既是一座得天独厚的"花果山"，也是猕猴们逍遥自在的极乐世界。这里创造了"人猴和谐相处"的特色旅游形式，是海南省重要的旅游景区之一，也是国家4A级景区。

[渔排风情]
南湾猴岛边的新村港已有500多年历史，他们的祖先多数来自福建泉州，是主要生活在渔排上的疍家人。他们有自己的语言，类似于广东话，属于"白话"语系。

猕猴被驯化

这里的猴子虽然在野外生存，但是和其他地方猴山上的猴子不尽相同，如江苏连云港的花果山上的猴子会沿途向游客讨要食物，或者干脆抢夺游客的包裹。南湾

[南湾猴岛吊索]

[南湾猴岛雕塑]
一只猴子正坐在达尔文的《物种起源》书上，捧着人的头盖骨在思考。

猴岛的猴子很多已经被驯化了，它们会在管理员的哨声下，连蹦带跳地来到游客的观赏区域内，争着抢着向管理员要东西吃，还会顺从地配合游客拍照（即便如此，也不要轻易惹怒它们，后果可是很严重的）。

动物众多

南湾猴岛上除了猕猴外，还有很多其他的动物，包括水鹿、小狸猫、豹猫、水獭和穿山甲等近20种兽类；海南鹧鸪和戴胜等近30种鸟类；还有蟒蛇和蜥蜴等爬虫类。

[南湾猕猴]

南湾猕猴属于亚热带猕猴，学名叫恒河猴，也叫广西猴，属于国家二类保护动物。

注意：这些猕猴不喜欢欺骗行为。假如只亮食物而不喂给它们吃，或者看到握拳亮开的是空手掌，它们就会向人龇牙咧嘴，或者飞快地向人扑来，让人大吃一惊。

[猕猴王国拘留所]

这里专门用来关押抢劫、恐吓和攻击游客的猴子。

1965年，这里建立了"珍贵动物保护区"，当时只剩下5群100多只猕猴，发展到现在已有29群2000多只猕猴，其中有6群小猴与游客非常亲近。人们在南湾猴岛感受到了人类与猴群、人类与大自然和谐相处的美好氛围。

[戴胜]

戴胜共有9个亚种，其头顶具凤冠状羽冠，嘴形细长，栖息于山地、平原、森林、林缘、路边、河谷、农田、草地、村屯和果园等开阔地方，尤其以林缘耕地生境较为常见。

人一生一定要去的美丽中国海岛

最浪漫的度假天堂
蜈支洲岛

它与陆地唯一的交通方式是乘船,是一个远离喧闹城市的地方,还有"情人岛"这样一个浪漫的名称。

[蜈支洲岛美景]
蜈支洲岛有成片的椰林、清澈的海水和260多种海底珊瑚。

蜈支洲岛位于海南省三亚市海棠湾内,岛长1500米,宽1100米。北与南湾猴岛遥遥相对,南邻被誉为"天下第一湾"的亚龙湾。

繁茂的植被

蜈支洲岛上有充足的淡水资源,这在整个海南岛周围并不多见。该岛上有丰富的植被,有2000余种植物,生长着许多珍贵的树种,如被称为"植物界中的大熊猫"的龙血树,并有许多难得一见的植物现象,如"共生""寄生""绞杀"等。

蜈支洲岛古称

蜈支洲岛古称古崎洲岛、牛奇洲岛,这两个名字都有不同的来源。"蜈支"是一种罕见的海洋硬壳类爬行动物,因小岛的外形有些像蜈支,所以叫作"蜈支洲",那么,又是如何变成了"古崎洲、牛奇洲"的呢？这里面还有一个传说故事：相传，每逢山洪暴发，蜈支洲岛山上的泥石砂砾就倾泻而下，经藤桥河流入大海，将龙王管辖的大海弄得污浊不堪，龙王无奈，只能请求玉帝解决。

玉帝听完龙王的请求后，用神剑将琼南岭角之山岭截去一段，并命两头神牛前去堵住河口。谁知神牛在途中被人发现，点破了天机，化作两块巨石，山岭变成了岛屿。因此，此岛得名牛奇洲岛，两块巨石人称姐妹石。

蜈支洲又名情人岛的来历

这里也有一个传说故事：相传很久以前，有一个年轻人在打鱼时遭遇风浪，船翻了，被困在荒岛上。他只能在海边捕鱼度日，有一天，他忽然发现有一个美丽的姑娘在沙滩上拾贝。年轻人正在发愣，姑娘主动上前与他聊了起来，两人聊得特别投缘，原来她是龙王的女儿，因为贪玩跑上了岸。

从那以后，两人约定每天在这里见面，日子一天天过去，两人互相爱慕，就在一起生活了。

他们恩爱地生活了一年后，龙女想家了，想回去看看老龙王。两人商定，年轻人三天后在他们最初见面的地方迎接龙女，龙女走后，年轻人每天都站在那里盼她回来，但是一直没有音讯。

原来龙女回去以后，老龙王大怒，下令把她关了起来，不准她再回到人间。

龙女有一天趁看守不备跑了出来，在他们第一次见面的地方见到了年轻人，这对痴情男女正要相拥时，追赶而来的老龙王用了

[情人桥]

情人桥原是守岛部队的海上瞭望点，是一座摇摇晃晃的铁索桥。后来为了安全着想，将原来的铁索桥改造成现在的木板桥，成为情侣们拍照留影的好去处，因此这里成了"情人桥"。

[金龟探海]

蜈支洲岛东南的观日岩下有一块天然形成的巨石，如一只巨大的海龟。

[生命井]

据《三亚志》记载：相传以前，有一户渔民出海打鱼，突遇台风，父子三人落水，经过几天的挣扎，三人漂到了蜈支洲岛的沙滩上，发现了一处小水洼，解决了饮水问题，从而得救。后来父子三人在水洼处挖出一口水井，取名为"生命井"，供过往出海打鱼的渔民使用，一直沿用至今。

[观海长廊]

[观日岩]
观日岩位于蜈支洲岛的东南悬崖处，是绝佳的海上观日点。在观日岩下就是一块有名的大巨石——金龟探海。

一个定身术，将两人变成了两块巨石，即"蜈哥""支妹"两块巨石，从此之后这里就被叫作"情人岛"。

妈祖庙

蜈支洲岛上的妈祖庙最早并非妈祖庙，供奉的是文祖仓颉（汉字的创造者），为"海上涵三观"。清朝之后，该庙无人管理，渔民不知仓颉是何神，遂推倒塑像，改奉当地人信奉的航海保护神妈祖。

相传，最早有关蜈支洲岛的记载是清光绪年间，当时海南有位游方道人吴华存遍游海南诸岛，当他看到蜈支洲岛的旖旎风光和山海之间的万千气象后，便欲在此结庐而居，炼丹修身。此事被当时的崖州知府钟元棣获悉，觉得如此胜地不宜被私人独占，于是制止了吴华存，钟元棣筹资在岛上修建了一处庵堂，供奉文祖仓颉，取名为"海上涵三观"。

[蜈支洲岛妈祖庙]

[文祖仓颉]
仓颉，原姓侯冈，名颉，俗称仓颉先师，又名史皇氏、苍王、仓圣，是道教中的文字之神。据史书记载，仓颉有双瞳四只眼睛，事物形状创造了象形文字，被尊奉为"文祖仓颉"。

博鳌亚洲论坛永久性会址
东屿岛

这里远离都市喧嚣，环境幽雅且静谧，与玉带滩隔水相望，一动一静，是世界河流入海口自然景观保存最完美的地方之一。

东屿岛位于海南省琼海市博鳌镇，是三江（万泉河、龙滚河、九曲江）入海口处的一座小岛，四面环水，占地面积约178万平方米，曾被联合国教科文组织誉为世界河流入海口自然景观保存最完美的地方。

犹如一只缓缓爬行的巨鳌

东屿岛与玉带滩隔水相望，整座岛就像一只缓缓游向南海的巨鳌，岛上植物丰茂，曾经是个与世隔绝的小渔村，居住着世代以捕鱼为生的疍家人，岛内同姓不通婚，进出岛全靠摆渡，与外界鲜少往来。2001年博鳌亚洲论坛在此召开后，这座原本远离喧嚣的小岛，发生了天翻地覆的变化，成了一个旅游、度假胜地。

[鳌]

关于鳌有三种说法：一是指龟头鲤鱼尾的鱼龙；二是指海里的大龟；三是指龙之九子的老大，相传"龙生九子，鳌占头"，为龙头、龟身、麒麟尾。

[博鳌亚洲论坛场馆]

1998年9月，澳大利亚前总理霍克、日本前首相细川护熙和菲律宾前总统拉莫斯倡议成立一个类似达沃斯"世界经济论坛"的"亚洲论坛"。2001年2月27日，26个国家的代表在中国海南省博鳌召开大会，正式宣布成立博鳌亚洲论坛。

东屿岛传说

在东屿岛鳌石广场上有座与东屿岛传说中的鳌相关的雕像，其重8吨，高2米。

传说，南海龙王的女儿偷偷与天地灵兽麒麟相爱，并产下了一只长相奇异的鳌，长有龙头、龟背、麒麟尾。这一日，龙女带着鳌准备回南海见南海龙王，可是南海龙王得知鳌长相奇丑之后便大怒，抽出腰间玉带抛了出去，形成玉带滩，阻隔龙女和鳌的归海之路。

龙女哀求南海龙王未果，化作龙潭岭。鳌失去了母亲后凶性大发，怒吼着卷起巨浪，沿海百姓纷纷遭殃。百姓求得观音菩萨出面，将鳌收服，并乘"鳌"而去，鳌的真身化作现在的东屿岛。

景点颇多

东屿岛除了作为博鳌亚洲论坛永久性会址而出名外，其周边可以游玩的地方有很多，如海滨温泉度假之地东屿岛温泉、供游客休息观海的酒吧公园、下南洋衣锦还乡的蔡家森的大院以及著名的南海博物馆。

[东屿岛鳌石广场上的鳌雕像]

[鳌与观音]
鳌与观音的传说很多，本文所述的只是流传在东屿岛的一个传说而已。

[南海博物馆]
南海博物馆内有许多沉船，以及打捞上来的物品。

泾渭分明的气候
分界洲岛

这里有特殊的地貌，山、石、水、暗礁一应俱全，海水清澈干净，沙滩松软细白，拥有美丽、独特的海滨风光。

[分界洲岛]

分界洲岛位于海南省陵水县与万宁市交界的海中，距海南岛最近的海岸约 1.2 海里，是国家 5A 级景区，也是中国首家海岛型国家 5A 级景区。从海南岛乘船只需十多分钟便可到达。

"分界洲岛"人文分界

分界洲岛又称分界岭，面积约 0.41 平方千米，最高点海拔 99 米，它横卧在蓝色大海中，从远处不同角度看去，岛屿呈现不同形象，因此自古就有"美人岛""马鞍岭""睡佛岛"等美誉。

分界洲岛连接着中部的五指山山脉和西部的鹦哥岭，构成了一条东西纵横的山脉，分隔了海南岛南北，自然的分界也成为古代海南人文分界，是汉族、黎族聚集区的分界，岭南主要聚居黎族，岭北主要以汉族为主。

[分界洲岛美景]

此道一走可是前途无量

分界洲岛东面有悬崖峭壁，岛上有一条叫作"钱"途无量的上山小路，据说当年任吉阳军（地名）太守的周康经过这里，进入万安军（地名），然后北上。周康乘船路过此地时，看到了这里的自然景观奇特异常，于是他命船家将船靠岸，登上了这座岛。他来到了分界洲岛的半山腰，只见尽是灌木丛，路途崎岖，但是越走越感觉到岛屿深处的美丽，发现这里真是个好地方，因此不由得感慨道："此道一走可是前途无量！"

后来，根据这个典故，利用"前"与"钱"谐音，造出了这条世界钱币博览路。这条路上的钱币是根据真币按比例扩大雕刻而成。沿着山路登上山顶，放眼望去只见石峰遍布，壁立千仞，奇树簇拥。岛屿周围海水清澈，与沙滩相接，海天一色，构成一幅壮阔绝妙的天然画卷。

福海寿山

分界洲岛如一位身材美妙的女子一般，拥有完美的海岸线、美丽的金色海滩和透明清澈的海水。每年中秋节前后，会有大量的海龟从海里爬到沙滩上，掘沙产卵。小海龟孵化出来后，就会顺着沙滩爬回海中。当地居民觉着这种场景有长命百岁、多子多福的寓意，于是在沙滩岩石上雕刻了一只破壳挣扎而出的小海龟，小海龟雕像的背后刻有"福"字，因此这里被称为福滩，在"福"字周围的

["钱"途无量路]

[福龟滩]

[神龟出世]

[分界洲岛沉船]

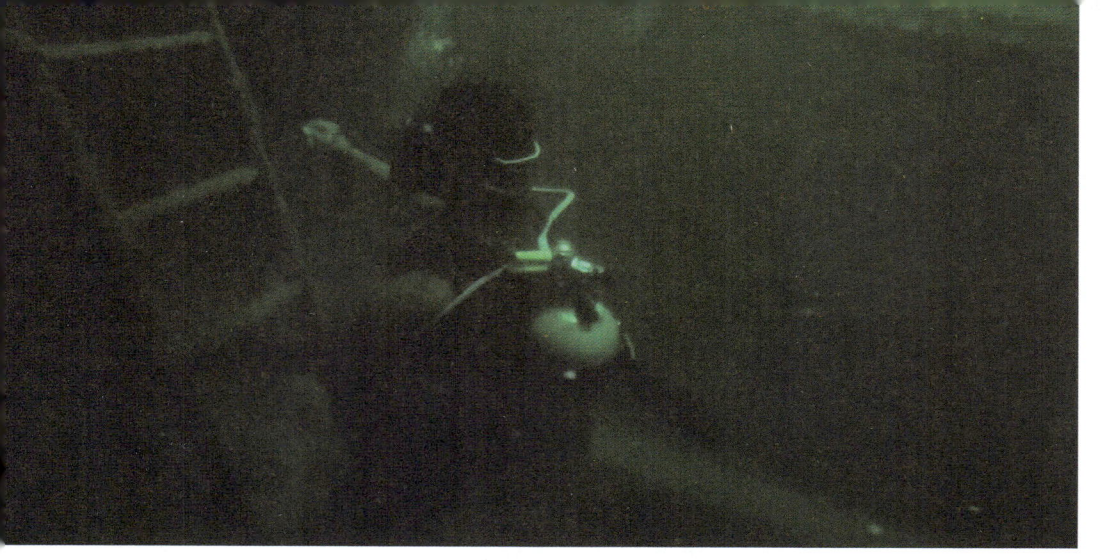

沙滩上，还有刻有"禄""寿"二字的山石，因此这里还有个更响亮的名字"福海寿山"。

"海山奇观"大洞天

三亚市有家喻户晓的"海山奇观"大、小洞天，其中的大洞天便在分界洲岛上。

大洞天的洞口在分界洲岛的悬崖峭壁之间，洞中古榕树盘根错节，古藤缠绕，石屋、石凳天然形成。根据当地渔民所说，他们祖祖辈辈皆有在突发暴雨之时来此躲避风雨的习惯。

宋代衢州进士毛奎曾以《大洞天》之名作诗："大洞天连小洞天，洞天今在海南边；游客剩有磨崖什，闲拂苍苔看几篇。"

分界洲岛除了"钱"途无量、福海寿山、大洞天之外，还有"鬼斧神工""刺桐花艳"等20多处自然景观，并有暗礁潜水、峭壁潜水、沉船潜水、海上摩托艇、海底漫步、海上拖伞等独具特色的海上娱乐项目，让人犹如置身于巴厘岛一般，随时让人感觉到浩瀚大海的新奇和刺激，人间天堂也不过如此吧。

> 分界洲岛的潜水条件得天独厚，是国际潜水专家公认的潜水胜地之一。

[帆水母]

帆水母凭借海风四处活动，是"偷懒"界的元老级生物，主要以海洋小动物为食。它们常被暴风雨冲到岸边，因此有时能在海滩上见到上百万只帆水母。用手去碰触帆水母，并不会感到刺痛，可一旦用碰过帆水母的手去揉眼睛或者碰触其他敏感部位的皮肤，就会感觉到痛了。

潜水爱好者的天堂
大洲岛

这里海燕啼鸣，海风猎猎，是一座人烟稀少的小岛，在这里可以深潜、浮潜、看古沉船，是潜水爱好者的天堂。

[大洲岛海湾]

[大洲岛沙滩]

大洲岛曾因盛产燕窝而被称为燕窝岛，"东方珍品"大洲燕窝就产于此。其位于海南省万宁市东南部的海面上，面积大约为 4.36 平方千米，最高峰海拔 289 米。大洲岛由两岛三峰组成，动植物资源丰富，是环海南海岸线上唯一一个国家级海洋自然生态保护区，也是最大的一座"荒岛"。

大洲岛分为北小岭和南大岭，中间由一个 500 米长的沙滩相连。放眼望去，岛上皆是奇石，海岛四周是翡翠色的浅海，海水清澈透亮，水下能见度达 5～10 米，海底生物多姿多彩，珊瑚形态各异，五光十色，游鱼成群，是一个名副其实的海底花园。在大洲岛不仅可以观山赏石，眺海揽秀，还可以潜水游玩，适宜水下采捕和摄影等，是潜水爱好者的天堂。